Biologia Celular e Molecular Essencial

Um Guia Abrangente sobre Estruturas Celulares, Funções e Mecanismos Moleculares

Escrito por

Bolakale Aremu

Biologia Celular e Molecular Essencial

Um Guia Abrangente sobre Estruturas Celulares, Funções e Mecanismos Moleculares

Publicado nos Estados Unidos

ISBN: 979-8-3492-6338-5

Aviso Legal

Índice

0. Prefácio

0.1. O que é Biologia?

Figura 0.1: Definição de Biologia

A Biologia é o estudo científico da vida — desde os menores micróbios até os maiores ecossistemas da Terra. É um campo que busca compreender a estrutura, função, crescimento, origem, evolução e interações dos organismos vivos. A Biologia nos ajuda a responder questões fundamentais sobre a vida, desde como as células funcionam até como as espécies evoluem ao longo do tempo e até mesmo como a própria vida começou.

0.2. A Origem do Termo "Biologia"

A palavra **biologia** vem dos termos gregos 'bios' (vida) e 'logos' (estudo). Esse termo, cunhado no início do século XIX, reflete a profunda e duradoura curiosidade da humanidade sobre o mundo natural. Eruditos antigos, como Aristóteles, fizeram observações iniciais sobre plantas e animais, lançando as bases para a biologia como uma ciência formal.

0.3. A Natureza da Biologia como Disciplina

A Biologia é uma ciência vasta e interdisciplinar, conectando-se a áreas como química, física, ciências ambientais, medicina e engenharia. Seu foco abrange desde o nível molecular e celular — a maquinaria microscópica da vida — até ecossistemas inteiros, onde as espécies interagem em complexas teias da vida.

0.4. Características Principais da Biologia

1. Diversidade das Formas de Vida
A Biologia estuda organismos de todos os tipos e tamanhos, desde vírus e bactérias até plantas, animais e fungos.

2. Adaptação e Evolução
A Biologia explica como as espécies mudam ao longo das gerações em resposta às pressões ambientais — um conceito central na teoria da evolução.

3. Estrutura e Função
As estruturas biológicas, desde organelas celulares até tecidos e órgãos, estão intimamente ligadas às suas funções.

4. Energia e Metabolismo
Todas as formas de vida necessitam de energia para sobreviver, crescer e se reproduzir — processos governados por leis biológicas e químicas.

5. Homeostase
Os organismos vivos mantêm ambientes internos estáveis, apesar das mudanças nas condições externas.

0.5. Divisões da Biologia

A Biologia é tão ampla que é subdividida em ramos especializados, cada um focando em um aspecto particular da vida. Algumas divisões chave incluem:

- **Biologia Celular:** Estudo das células, suas estruturas e funções.

- **Biologia Molecular:** Estudo das moléculas biológicas (como DNA, RNA e proteínas) e como elas contribuem para os processos da vida.
- **Genética:** Estudo dos genes, hereditariedade e variação.
- **Ecologia:** Estudo dos organismos em relação aos seus ambientes.
- **Biologia Evolutiva:** Estudo de como as espécies mudam ao longo do tempo.
- **Microbiologia:** Estudo dos microrganismos, como bactérias e vírus.
- **Botânica:** Estudo das plantas.
- **Zoologia:** Estudo dos animais.

0.6. Métodos de Estudo em Biologia

Os biólogos utilizam uma ampla variedade de métodos e ferramentas para estudar a vida, incluindo:

Observação e Experimentação
A observação direta de organismos em seus ambientes naturais e experimentos controlados em laboratórios ajudam a revelar processos biológicos.

Microscopia
Microscópios avançados revelam estruturas celulares e detalhes moleculares invisíveis a olho nu.

Técnicas Moleculares
Ferramentas como PCR, sequenciamento de genes e CRISPR permitem que os cientistas estudem e até modifiquem genes em nível molecular.

0.7. Escalas de Estudo em Biologia

O estudo da vida abrange vários níveis de organização biológica:

- **Nível Molecular**: DNA, RNA, proteínas e outras biomoléculas.

- **Nível Celular**: Células individuais, as unidades fundamentais da vida.
- **Tecidos e Órgãos**: Grupos de células trabalhando juntas.
- **Organismos**: Seres vivos completos.
- **Populações**: Grupos da mesma espécie.
- **Comunidades e Ecossistemas**: Interações entre espécies e seus ambientes.
- **Biosfera**: Toda a vida na Terra.

0.8. Por Que a Biologia é Importante

A biologia não é apenas um tema dos livros didáticos — ela é fundamental para compreender a saúde, a medicina, a agricultura, a proteção ambiental, a biotecnologia e até a exploração espacial. Seja enfrentando desafios globais como as mudanças climáticas ou desenvolvendo novos tratamentos médicos, a biologia contém as chaves para melhorar a vida na Terra e além.

Este prefácio serve como base para o restante do livro, que o guiará pelo fascinante mundo da biologia celular e molecular — o estudo dos mecanismos internos da vida em suas menores escalas. Desde átomos e macromoléculas até membranas celulares, replicação do DNA e expressão gênica, você adquirirá um conhecimento profundo sobre os processos que tornam a vida possível.

1. Por Que Estudar Biologia Celular e Molecular?

A vida, com toda a sua complexidade e diversidade, começa nos níveis celular e molecular. Todo organismo vivo é composto por uma única célula ou por trilhões de células que trabalham em conjunto. Essas células, por sua vez, são formadas por moléculas intricadas — DNA, proteínas, lipídios e muito mais — que desempenham inúmeras funções essenciais para a sobrevivência. Para compreender verdadeiramente como a vida funciona, é fundamental entender o funcionamento das células e as interações moleculares dentro delas.

1.1. A Base de Toda a Vida

No seu cerne, a biologia celular e molecular estuda a unidade fundamental da vida — a célula — e os processos moleculares que impulsionam seu funcionamento. De bactérias a plantas e seres humanos, todas as formas de vida são compostas por células, e todas as células seguem princípios moleculares comuns para manter a vida. O diagrama na Figura 1.1 apresenta uma célula procariótica e uma célula eucariótica de forma generalizada, ilustrando seus organelas e componentes moleculares.

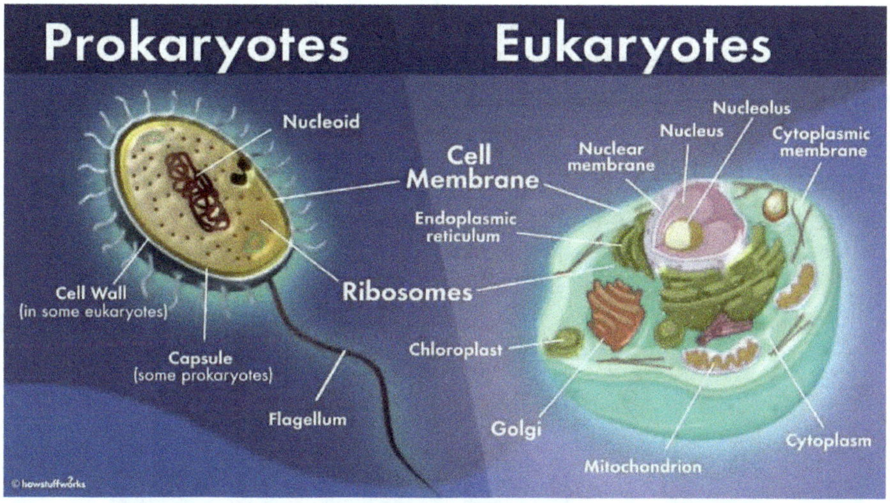

Figura 1.1: Uma célula procariótica e uma célula eucariótica generalizadas, mostrando organelas e componentes moleculares. Fonte: https://science.howstuffworks.com/life/cellular-microscopic/prokaryotic-vs-eukaryotic-cells.htm

Por que isso é importante?

- **Saúde e Medicina**: Compreender as células nos ajuda a combater doenças, desenvolver novos medicamentos e criar terapias avançadas, como edição genética e medicina personalizada.
- **Biotecnologia e Inovação**: As técnicas da biologia molecular permitem a engenharia de cultivos, o desenvolvimento de vacinas e a produção de biocombustíveis.
- **Evolução e Origens**: O estudo das moléculas dentro das células nos permite rastrear a história evolutiva da própria vida.
- **Impacto Ambiental**: As células microbianas desempenham papéis essenciais no ciclo de nutrientes, na decomposição de resíduos e na regulação do clima.

1.2. Conectando Biologia, Química e Física

A biologia celular e molecular faz a ponte entre a biologia e as ciências físicas. As moléculas biológicas seguem as mesmas leis químicas e físicas que regem a matéria não viva, mas se organizam em sistemas muito mais complexos e funcionais. Compreender como as biomoléculas se dobram, interagem e reagem é essencial para desvendar os segredos da vida.

O diagrama na **Figura 1.2** ilustra uma interação molecular, como a ligação enzima-substrato, com as ligações químicas destacadas.

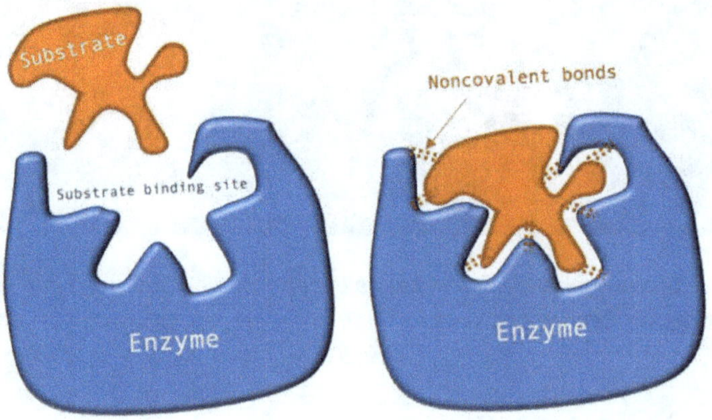

Figura 1.2: Uma ilustração de como as enzimas se ligam aos substratos — um exemplo perfeito de interações moleculares regidas pela física e química.Fonte: https://www.futurelearn.com/info/courses/the-biology-of-bugs-brains-and-beasts/0/steps/68820

Exemplos de Percepções em Nível Molecular

- **Atividade Enzimática**: Depende das ligações químicas e das taxas de reação.
- **Transporte através da Membrana**: Baseia-se em gradientes de concentração e nos princípios de difusão.
- **Expressão Gênica**: Depende das interações físicas entre DNA, RNA e proteínas.

1.3. Aplicações Médicas: Compreendendo as Doenças no Nível Celular

Toda doença — desde o câncer até infecções virais — envolve disfunções nos níveis celular ou molecular. Ao estudar o funcionamento normal das células e os mecanismos que levam ao seu mau funcionamento, os cientistas podem:

- **Diagnosticar doenças com maior precisão** usando biomarcadores genéticos e moleculares.
- **Desenvolver terapias direcionadas** que corrigem ou bloqueiam processos moleculares prejudiciais.
- **Prever o risco de doenças** com base em perfis genéticos individuais.
- **Criar vacinas e antivirais** ao entender como os patógenos invadem as células e sequestram sua maquinaria molecular.

1.4. Ferramentas e Técnicas Revolucionárias

A biologia moderna depende fortemente das técnicas da biologia celular e molecular. Essas ferramentas permitem que os cientistas observem, manipulem e analisem células e moléculas com precisão extraordinária. Algumas das técnicas inovadoras incluem:

- **Edição Genética CRISPR-Cas9**: Permite a alteração precisa de sequências de DNA. A **Figura 1.3** ilustra o funcionamento do sistema CRISPR-Cas9 — uma ferramenta moderna da biologia molecular.
- **Microscopia de Fluorescência**: Permite visualizar moléculas em movimento dentro de células vivas em tempo real.
- **Reação em Cadeia da Polimerase (PCR)**: Amplifica pequenas quantidades de DNA para estudo.
- **Sequenciamento de Nova Geração (NGS)**: Permite a leitura rápida e acessível de genomas inteiros.
- **Análise de Célula Única**: Estuda células individuais para revelar a diversidade celular.

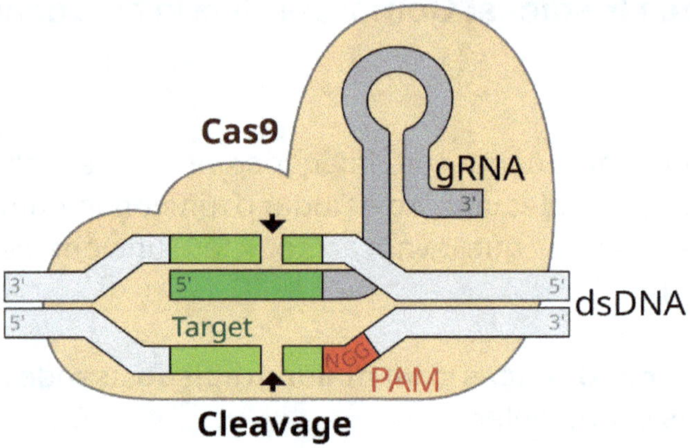

Figura 1.3: Uma ilustração do processo de edição genética por CRISPR-Cas9.
Fonte: https://en.wikipedia.org/wiki/CRISPR_gene_editing

Essas tecnologias não são usadas apenas em laboratórios de pesquisa — elas estão transformando a medicina, a agricultura, a ciência forense e a ciência ambiental.

1.5. Evolução e a Unidade da Vida

A biologia celular e molecular também revela a herança compartilhada de todos os seres vivos. Seja estudando uma bactéria, uma árvore ou um ser humano, você encontrará os mesmos tipos de moléculas, o mesmo código genético e muitos dos mesmos processos celulares. Essa notável unidade é uma forte evidência da conexão evolutiva entre todas as formas de vida. A Figura 1.4 mostra um diagrama amplamente utilizado da árvore da vida, perfeito para ilustrar as conexões evolutivas no nível celular.

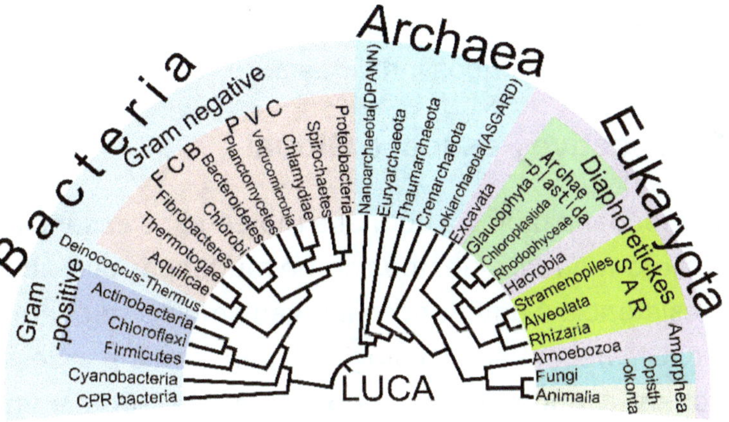

Figura 1.4: Uma árvore filogenética da vida, mostrando a relação evolutiva entre as espécies. Fonte: https://commons.wikimedia.org/wiki/File:Phylogenetic_Tree_of_Life.png

Exemplo

- processo de replicação do DNA funciona de maneira semelhante em bactérias e humanos.
- Todas as células usam ATP como moeda de energia.
- As proteínas envolvidas na fotossíntese e na respiração celular são encontradas em diversas espécies.

1.6. O Futuro da Ciência e Tecnologia

A próxima onda de avanços científicos dependerá fortemente da biologia celular e molecular. Algumas áreas onde esse conhecimento moldará o futuro incluem:

- **Medicina Regenerativa:** Uso de células-tronco para reparar ou substituir tecidos danificados.
- **Biologia Sintética:** Projetar sistemas biológicos completamente novos para fins úteis.
- **Exploração Espacial:** Compreender como as células se adaptam à microgravidade e à radiação cósmica.

- **Genômica Personalizada:** Personalizar tratamentos médicos com base nos perfis genéticos individuais.

1.7. Uma Perspectiva Pessoal e Global

Por fim, compreender a biologia celular e molecular é essencial para cidadãos bem informados. Questões como mudanças climáticas, pandemias, resistência a antibióticos e organismos geneticamente modificados (OGMs) têm bases biológicas. Para participar dessas conversas globais, é fundamental ter conhecimento sobre como as células e moléculas operam.

Principais Aprendizados

Ao embarcar nesta jornada pela biologia celular e molecular, lembre-se de que você está explorando os próprios planos da vida. Cada respiração que você dá, cada refeição que consome e cada pensamento que tem depende dos processos microscópicos e moleculares que ocorrem dentro de suas células — e este livro o ajudará a desvendar esses segredos.

2. O Estudo da Evolução

2.1. Teoria da Evolução

A evolução é o processo pelo qual as populações de organismos mudam ao longo das gerações por meio da variação genética e da seleção natural. A Teoria da Evolução, formalizada pela primeira vez por Charles Darwin em seu livro *A Origem das Espécies* (1859), é um dos conceitos mais fundamentais da biologia. Ela explica como toda a vida na Terra compartilha uma ancestralidade comum e como as espécies divergem ao longo do tempo para se adaptarem aos seus ambientes.

No seu cerne, a teoria se baseia em dois princípios fundamentais:

- Descendência com modificação: As populações mudam ao longo das gerações, e os descendentes herdam características de seus pais, embora mutações e recombinações introduzam variações.
- Seleção natural: Indivíduos com características vantajosas têm maior probabilidade de sobreviver e se reproduzir, transmitindo esses traços benéficos para a próxima geração.

A teoria evolutiva moderna incorporou conhecimentos da genética, biologia molecular e biologia de populações, tornando-se uma base essencial para a compreensão da biodiversidade e da origem das espécies.

O diagrama da Árvore da Vida (que mostra as relações evolutivas entre as espécies) pode ser visto aqui: https://commons.wikimedia.org/wiki/File:Tree_of_life_SVG.svg.

2.2. Evolução Adaptativa

A evolução adaptativa refere-se a mudanças em populações impulsionadas pela seleção natural, onde organismos mais bem adaptados ao seu ambiente têm maior probabilidade de sobreviver e se reproduzir. Essa adaptação frequentemente ocorre em resposta a:

- Pressões ambientais, como mudanças no clima, disponibilidade de recursos ou competição.
- Predação e doenças, onde as adaptações podem envolver camuflagem, resistência a patógenos ou mudanças nas estratégias reprodutivas.

Exemplo:
O desenvolvimento da resistência a antibióticos em bactérias é um exemplo real de evolução adaptativa. Bactérias com genes que conferem resistência aos antibióticos sobrevivem e transmitem esses traços para as gerações futuras.

2.3. Evolução Convergente

A evolução convergente ocorre quando espécies não relacionadas evoluem características semelhantes de forma independente, geralmente porque ocupam nichos ecológicos semelhantes ou enfrentam desafios ambientais comparáveis.

Exemplos:

- As asas de morcegos e pássaros evoluíram de forma independente para servir ao mesmo propósito — o voo.
- Plantas desérticas na África e na América do Norte, como cactos e eufórbias, evoluíram adaptações semelhantes para armazenar água, apesar de não serem relacionadas.

A Figura 2.1 mostra um exemplo de evolução convergente (mamíferos placentários vs. marsupiais).

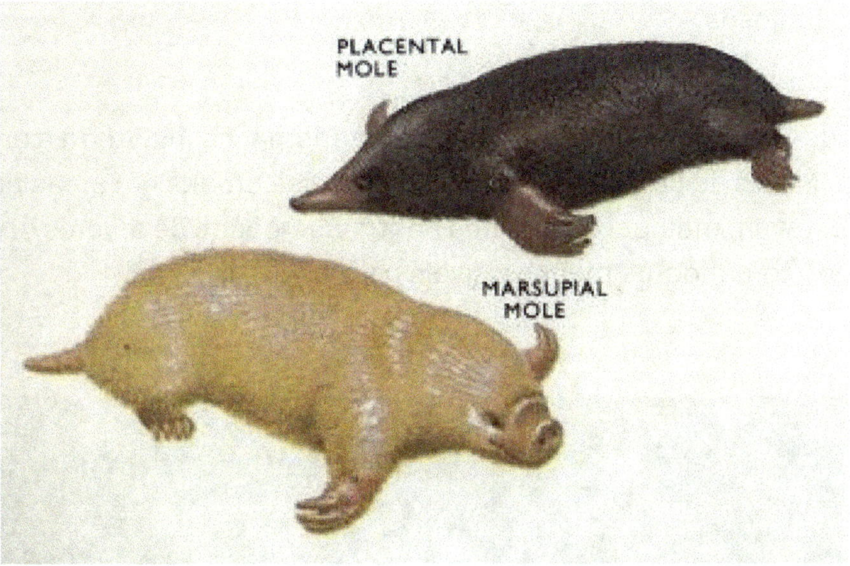

Figura 2.1: Exemplo de evolução convergente (mamíferos placentários vs. marsupiais). Fonte: https://www.daviddarling.info/encyclopedia/C/convergevol.html

2.4. Seleção Natural

A seleção natural é o processo pelo qual certos traços hereditários se tornam mais comuns em uma população porque aumentam a sobrevivência e o sucesso reprodutivo de um organismo. Ela é o principal mecanismo da evolução.

Elementos chave da seleção natural:

- Variação: Indivíduos dentro de uma espécie apresentam diferenças.
- Hereditariedade: Os traços podem ser transmitidos dos pais para os descendentes.
- Sobrevivência e Reprodução Diferenciais: Indivíduos com características vantajosas sobrevivem por mais tempo e se reproduzem mais.
- Adaptação: Com o tempo, a população passa a refletir esses traços

vantajosos.

Exemplo:
O moth-de-pimenta durante a Revolução Industrial na Inglaterra é um caso clássico. Moths de cor escura se tornaram mais comuns em áreas poluídas porque estavam melhor camuflados contra os troncos de árvores cobertos de fuligem, tornando-os menos visíveis para os predadores.

Figura 2.2: Moth-de-pimenta (exemplo de seleção natural). Fonte: https://butterfly-conservation.org/moths/why-moths-matter/amazing-moths/peppered-moth-and-natural-selection

2.5. Vestígios da Evolução

As estruturas vestigiais são características anatômicas ou comportamentos que já não desempenham sua função original, mas permanecem como resquícios da história evolutiva. Essas estruturas fornecem evidências da ancestralidade comum.

Exemplos:

- Cóccix humano: Um resquício da cauda presente em nossos ancestrais primatas.
- Ossos pélvicos em baleias: Vestígios de ancestrais que caminhavam em terra firme.
- Arrepios em humanos: Uma resposta remanescente de ancestrais com pelos, onde esse reflexo ajudava a eriçar a pelagem para aquecimento ou intimidação.

2.6. Métodos de Estudo da Evolução

Biólogos modernos utilizam diversas abordagens científicas para estudar os processos evolutivos, combinando registros fósseis, genética e estudos observacionais.

Métodos Principais:

1. **Evidências Fósseis**
   Os fósseis fornecem um registro das formas de vida do passado e demonstram como as espécies mudaram ao longo do tempo.
2. **Anatomia Comparativa**
   O estudo das semelhanças e diferenças anatômicas ajuda a revelar relações evolutivas.
3. **Análise Genética**
   Os avanços na biologia molecular permitem que cientistas comparem sequências de DNA entre espécies, revelando semelhanças genéticas que confirmam relações evolutivas.
4. **Estudos Observacionais**
   Estudos em tempo real de populações em evolução, como os tentilhões de Darwin nas Ilhas Galápagos, demonstram a evolução em ação.

5. **Evolução Experimental**
   Os cientistas podem observar a evolução diretamente em ambientes controlados, como populações de bactérias expostas a antibióticos ou moscas-das-frutas selecionadas para características específicas.
6. **Biogeografia**
   A distribuição geográfica das espécies ajuda os cientistas a inferir processos evolutivos. Exemplo: Espécies únicas em ilhas, como os marsupiais da Austrália, evoluíram de forma isolada, fornecendo pistas sobre migração e especiação.

3. O Que é Biologia Celular?

3.1. Introdução à Biologia Celular

A biologia celular é o ramo da biologia que estuda a estrutura, função e comportamento das células — as unidades fundamentais da vida. Todos os seres vivos, desde bactérias até humanos, são compostos por células. Compreender as células permite que os cientistas explorem os mecanismos que sustentam os processos vitais, como a expressão gênica e a produção de energia.

A biologia celular é uma disciplina essencial dentro da biologia, pois todos os processos biológicos — incluindo crescimento, desenvolvimento, reprodução e metabolismo — dependem da atividade celular.

Principais Áreas de Foco da Biologia Celular:

- Estrutura celular — organização de organelas, membranas e citoesqueleto.
- Função celular — processos como absorção de nutrientes, produção de energia e eliminação de resíduos.
- Comunicação celular — como as células enviam e recebem sinais do ambiente.
- Divisão e reprodução celular — como as células se multiplicam e mantêm a informação genética.
- Evolução celular — como as células evoluíram de formas mais simples para organismos complexos.

3.2. Importância da Biologia Celular

O estudo das células ajuda os pesquisadores a entender as origens da vida, como as doenças se desenvolvem e como os organismos funcionam no nível mais básico. A medicina moderna, a biotecnologia e até a ciência ambiental dependem fortemente dos avanços da biologia celular.

Exemplos de Aplicações da Biologia Celular:

- Pesquisa sobre o câncer — compreensão de como a divisão celular se torna desregulada.
- Engenharia genética — modificação do DNA celular para aplicações na agricultura ou medicina.
- Desenvolvimento de medicamentos — direcionamento de processos celulares para criar novos tratamentos.
- Medicina regenerativa — uso de células-tronco para reparar ou substituir tecidos danificados.

3.3. Contexto Histórico

A descoberta das células remonta a **1665**, quando **Robert Hooke** usou um microscópio primitivo para observar finas fatias de cortiça e descreveu as "pequenas caixas" que viu como "**células**." Desde então, os avanços tecnológicos, desde microscópios ópticos até **microscópios eletrônicos** e **imagens de células vivas**, proporcionaram visões cada vez mais detalhadas das estruturas e processos celulares.

A Teoria Celular

A **Teoria Celular**, um dos pilares fundamentais da biologia, é composta por três princípios principais:

1. **Todos os organismos vivos são compostos por uma ou mais células.**
2. **A célula é a unidade básica de estrutura e função de todos os seres vivos.**
3. **Todas as células surgem de células pré-existentes.**

3.4. Tipos de Células: Procarióticas vs. Eucarióticas

As células são classificadas em duas categorias principais:

- **Células Procarióticas:** São mais simples, **não possuem núcleo** nem organelas membranosas. Exemplos: **bactérias** e **arqueas**.
- **Células Eucarióticas:** São mais complexas, possuem **núcleo** e diversas **organelas membranosas**. Exemplos: **plantas, animais, fungos e protistas**.

Table 3.1. Comparison of Prokaryotic and Eukaryotic Cells

Característica	**Células Procariontes**	**Células Eucariontes**
Núcleo	Ausente	Presente
Tamanho	Menor (0,1-5 µm)	Maior (10-100 µm)
Organelas	Poucas	Numerosas
DNA	Circular	Linear
Divisão Celular	Fissão Binária	Mitose/Meiose
Exemplos	Bactérias, Arqueas	Plantas, Animais, Fungos, Protistas

3.5. Organismos Multicelulares

A maioria das formas de vida que observamos — como plantas, animais e fungos — é multicelular, ou seja, seus corpos são compostos por muitas células especializadas que trabalham juntas. Cada célula em um organismo multicelular desempenha um papel específico, contribuindo para a função e sobrevivência do organismo.

Características dos Organismos Multicelulares

- Especialização Celular (Diferenciação): As células desenvolvem funções específicas, como células musculares que se contraem e células nervosas que transmitem sinais.
- Formação de Tecidos: Células especializadas se agrupam para formar tecidos, como tecido muscular e tecido nervoso.
- Sistemas de Órgãos: Tecidos se combinam para formar órgãos, e os órgãos trabalham juntos em sistemas de órgãos (por exemplo, sistema digestivo e sistema circulatório).
- Comunicação Celular: As células em organismos multicelulares precisam se comunicar constantemente para coordenar processos como crescimento, respostas imunológicas e homeostase.

Exemplo: Corpo Humano

- Células Musculares se contraem para possibilitar o movimento.
- Glóbulos Vermelhos transportam oxigênio.
- Neurônios transmitem sinais.
- Células Epiteliais formam camadas protetoras.
- Juntas, essas células especializadas permitem que o corpo humano funcione como um todo coordenado.

3.6. Evolução da Multicelularidade

A multicelularidade evoluiu várias vezes na história da Terra, permitindo o desenvolvimento de organismos complexos. As células adquiriram a capacidade de aderir umas às outras, se comunicar e se diferenciar, levando à evolução de seres vivos maiores e mais sofisticados.

Principais Etapas da Evolução da Vida Multicelular:

1. **Agregação de Células** — Células individuais começaram a se agrupar.
2. **Divisão de Trabalho** — Algumas células se especializaram em funções específicas.
3. **Controle Genético do Desenvolvimento** — Genes evoluíram para guiar a formação de tecidos e órgãos.

Resumo do Capítulo

- A biologia celular busca entender a estrutura e a função das células.
- As células podem ser procarióticas ou eucarióticas, com características distintas.
- Organismos multicelulares são compostos por células especializadas que trabalham juntas.
- O estudo da biologia celular é fundamental para compreender a vida, a saúde, as doenças e as aplicações biotecnológicas.

4. Genética e Nossos Mapas Genéticos

4.1. Introdução

No coração de todos os processos da vida está a genética, o estudo de como os traços são herdados e como as informações são codificadas nos organismos. Cada célula do seu corpo, cada característica que você apresenta — da cor dos olhos à predisposição a doenças — está enraizada no mapa genético armazenado no DNA.

A genética explica como os traços são transmitidos entre gerações, como as células funcionam e se comunicam, e até como as espécies evoluem ao longo do tempo.

4.2. Evolução e Genética

A evolução ocorre devido às mudanças genéticas que se acumulam ao longo das gerações. Mutação, seleção natural e deriva genética atuam sobre o material genético, levando a adaptações e diversificação das espécies.

- **Mutação**: Alterações aleatórias nas sequências de DNA, que podem gerar novos traços.
- **Seleção Natural**: Variações genéticas que aumentam a sobrevivência e a reprodução tornam-se mais frequentes na população.
- **Especiação**: Diferenças genéticas entre populações podem levar à formação de novas espécies.

4.3. Codificação do Desenvolvimento

O código genético não controla apenas **características individuais**, mas também **orienta o desenvolvimento do organismo** desde um único óvulo fertilizado até um corpo complexo. Esse processo, chamado de **codificação**

do desenvolvimento, depende de:

- **Regulação Gênica:** Diferentes genes são ativados ou desativados em diferentes estágios do desenvolvimento.
- **Vias de Sinalização:** As células se comunicam para coordenar o crescimento e a diferenciação celular.
- **Morfogênese:** Os genes controlam a formação de tecidos e órgãos, garantindo a estrutura funcional do organismo.

4.4. DNA – O Projeto Molecular

O **DNA**, ou **ácido desoxirribonucleico**, é a molécula que carrega a informação genética. Sua famosa estrutura de **dupla hélice** contém o código para a construção de proteínas, que, por sua vez, realizam as funções da vida.

Características principais do DNA:

- **Bases Nitrogenadas:** Adenina (A), Timina (T), Citosina (C), Guanina (G).
- **Emparelhamento de Bases:** A emparelha com T, C emparelha com G.
- **Genes:** Seções do DNA que codificam proteínas.
- **Cromossomos:** O DNA é organizado em estruturas chamadas cromossomos.

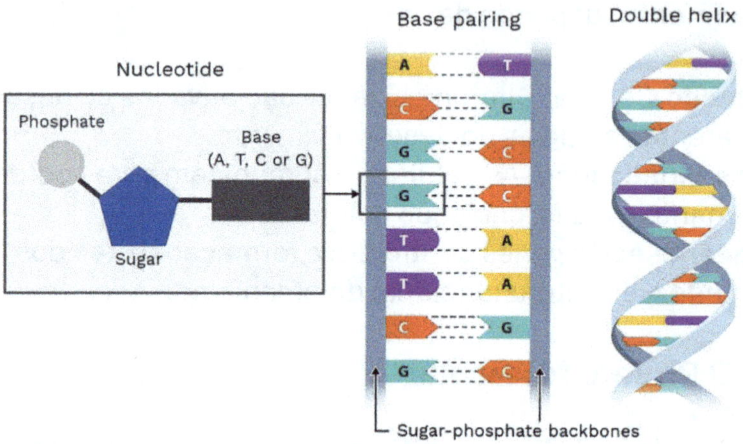

Figura 4.1: Diagrama da estrutura do DNA com as bases nitrogenadas rotuladas. Fonte: https://theory.labster.com/structure-dna/

4.5. Elementos LINE-1 – Genes Saltadores

Nem todas as partes do genoma codificam diretamente proteínas. Algumas regiões, como os elementos LINE-1, são elementos transponíveis — sequências de DNA que podem se copiar e se inserir em novos locais dentro do genoma.

Por que os elementos LINE-1 são importantes?

- **Evolução do Genoma**: Eles contribuem para a diversidade do genoma.
- **Regulação Gênica**: Seu movimento pode ativar ou silenciar genes próximos.
- **Doenças**: A atividade dos LINE-1 foi associada a alguns tipos de câncer e distúrbios neurológicos.

4.6. Epigenética – Além do Código Genético

A epigenética refere-se a mudanças hereditárias na atividade gênica que ocorrem sem alterar a sequência do DNA. Essas mudanças são influenciadas pelo ambiente, estilo de vida e desenvolvimento.

Mecanismos Comuns de Epigenética:

- Metilação do DNA: Adicionar grupos metil ao DNA pode silenciar genes.
- Modificação das Histonas: Proteínas em torno das quais o DNA é enrolado são quimicamente modificadas para ligar ou desligar genes.
- RNA Não Codificante: Algumas moléculas de RNA ajudam a regular a expressão gênica.

Epigenética e Doenças

As mudanças epigenéticas foram associadas a:
• Câncer — Silenciamento de genes supressores de tumor.
• Distúrbios Neurológicos — Regulação anormal de genes.
• Envelhecimento — Mudanças na expressão gênica ao longo do tempo.

4.7. Associações Doença-Gene

O estudo das associações entre doenças e genes ajuda os cientistas a entender como as variações genéticas contribuem para o desenvolvimento de doenças. Avanços nos estudos de associação em larga escala do genoma (GWAS) identificaram milhares de genes relacionados a condições como:

- Diabetes
- Doenças cardíacas
- Câncer
- Distúrbios neurológicos

Risco Genético vs. Influência Ambiental

Algumas doenças são puramente genéticas, causadas por mutações em genes individuais (como a fibrose cística). Outras surgem de uma interação complexa entre predisposição genética e fatores ambientais.

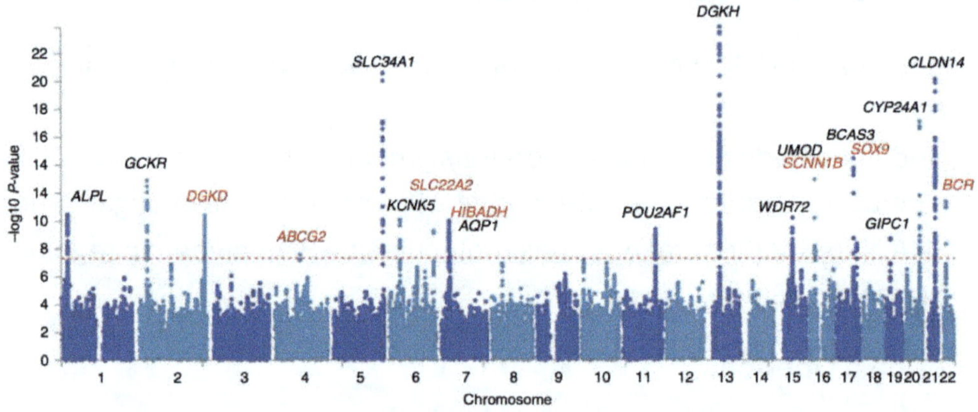

Figura 4.2: Gráfico de Manhattan de um estudo GWAS sobre doenças renais (cálculos renais). Fonte: https://en.wikipedia.org/wiki/Genome-wide_association_study

4.8. Engenharia Reversa do Genoma

Os cientistas estão cada vez mais utilizando a engenharia reversa das informações genéticas para entender a evolução, as doenças e o desenvolvimento. Isso envolve:

- Genômica Comparativa: Comparar genomas de diferentes espécies para identificar genes conservados.
- Edição de Genes: Técnicas como CRISPR permitem aos cientistas editar genes diretamente, desbloqueando o potencial para a terapia genética.
- Biologia Sintética: Cientistas podem projetar novos genes ou até mesmo organismos sintéticos inteiros.

Aqui está o link para uma ilustração do processo de edição genética CRISPR: https://www.genome.gov/genetics-glossary/CRISPR

Resumo do Capítulo

- A genética é a base da biologia, governando a herança, o desenvolvimento e a evolução.
- O DNA codifica as instruções para a vida, enquanto a epigenética controla como essas instruções são usadas.
- Elementos transponíveis, como o LINE-1, moldam os genomas por meio de seu movimento.
- Ferramentas modernas, como o GWAS e o CRISPR, nos ajudam a entender as associações gene-doença e a desenvolver novas terapias.
- Compreender o projeto genético é fundamental para entender a vida em si.

5. Entrando no Mundo dos Átomos

5.1. Introdução

No nível mais fundamental, toda a vida — desde a bactéria mais simples até a maior baleia — é formada por átomos. Compreender os átomos é essencial para entender a biologia, pois os átomos se combinam para formar moléculas, que formam células e, por fim, organismos inteiros.

Os átomos são as unidades básicas da matéria. Eles consistem em um núcleo central, que contém prótons e nêutrons, e elétrons que orbitam ao redor desse núcleo.

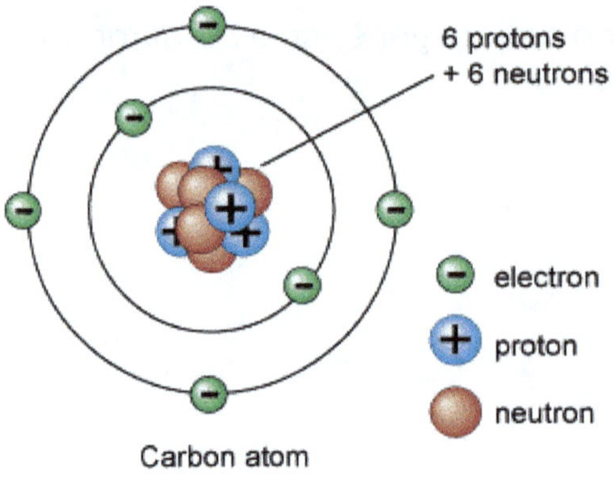

Figura 5.1: Um átomo consiste em um núcleo central, que contém prótons e nêutrons, e elétrons que orbitam ao redor desse núcleo. Fonte: https://www.universetoday.com/56469/atom-diagram/

As propriedades dos átomos determinam como eles interagem para formar as moléculas da vida, incluindo DNA, proteínas e carboidratos.

5.2. Partículas Subatômicas

Cada átomo é composto por três partículas subatômicas principais, cada uma com propriedades distintas.

Tabela 5.1: Propriedades das Partículas Subatômicas

Partícula	Carga	Massa Relativa	Localização
Próton	Positiva (+)	1	Núcleo
Nêutron	Neutra (0)	1	Núcleo
Elétron	Negativa (-)	Aproximadamente 0	Orbitando o núcleo

Essas partículas definem a identidade e o comportamento do átomo. Por exemplo, o número de prótons no núcleo determina o elemento.

5.3. O Núcleo Atômico

No centro de cada átomo está o núcleo atômico, uma região compacta que contém prótons e nêutrons.

Prótons

- Carga positiva (+1).
- Determinam o número atômico — o número de prótons define qual elemento um átomo representa (por exemplo, o carbono tem 6 prótons).

Nêutrons

- Não possuem carga (neutros).
- Estabilizam o núcleo, espaçando os prótons carregados positivamente, que de outra forma se repeliriam.
- Diferentes números de nêutrons criam isótopos — átomos do mesmo elemento com massas diferentes.

O núcleo é incrivelmente denso — quase toda a massa do átomo está concentrada nele.

5.4. Elétrons – Os Motores e Agitadores

Os elétrons são partículas minúsculas e carregadas negativamente que orbitam o núcleo em regiões chamadas camadas eletrônicas ou orbitais. Eles são fundamentais para as ligações químicas e interações biológicas.

Fatos Principais Sobre os Elétrons

- Massa: Quase insignificante em comparação com prótons e nêutrons.
- Localização: Movem-se dentro de regiões probabilísticas chamadas orbitais, não em caminhos fixos.
- Carga: Negativa (-1), equilibrando a carga positiva dos prótons.
- Reações Químicas: Os elétrons são responsáveis pela formação de ligações químicas, permitindo que os átomos se combinem em moléculas.

Elétrons de Valência

Os elétrons na camada mais externa (chamados de elétrons de valência) são os que participam das reações químicas. Os átomos ganham, perdem ou compartilham esses elétrons para alcançar estabilidade, formando:

- **Ligações iônicas** (transferência de elétrons).
- **Ligações covalentes** (compartilhamento de elétrons).

5.5. Nêutrons – Os Estabilizadores Silenciosos

Enquanto os prótons definem o elemento, os nêutrons ajudam a manter o núcleo coeso. Sem nêutrons, as forças repulsivas entre os prótons fariam o núcleo se desintegrar. O equilíbrio entre prótons e nêutrons determina a estabilidade nuclear.

Isótopos

Isótopos são átomos do mesmo elemento com diferentes números de nêutrons. Por exemplo, o carbono-12 e o carbono-14 são ambos isótopos do carbono, mas o carbono-14 possui dois nêutrons extras. Alguns isótopos são estáveis, enquanto outros são radioativos e se desintegram ao longo do tempo.

Resumo do Capítulo

- Os átomos são os blocos fundamentais de todas as moléculas biológicas.
- Cada átomo é composto por prótons, nêutrons e elétrons, cada um desempenhando um papel distinto.
- O núcleo contém prótons (com carga positiva) e nêutrons (neutros), fornecendo a massa do átomo.
- Os elétrons (com carga negativa) orbitam o núcleo e impulsionam as reações químicas.
- Os nêutrons proporcionam estabilidade nuclear e formam isótopos, alguns dos quais são usados em pesquisas biológicas e na medicina.

6. Como as Ligações Químicas Combinam Átomos

As moléculas que compõem todos os seres vivos — incluindo você — são mantidas unidas por ligações químicas. Essas ligações se formam entre os átomos para criar estabilidade e permitir que estruturas complexas surjam a partir de elementos simples. Compreender essas ligações é essencial para entender como as moléculas biológicas funcionam.

6.1. Ligação Covalente

Uma ligação covalente se forma quando dois átomos compartilham um ou mais pares de elétrons. Esse compartilhamento permite que ambos os átomos alcancem uma configuração eletrônica mais estável, geralmente preenchendo suas camadas externas de elétrons. As ligações covalentes são particularmente importantes em moléculas biológicas, como DNA, proteínas e carboidratos, onde os átomos de carbono se ligam covalentemente ao hidrogênio, oxigênio, nitrogênio e outros átomos.

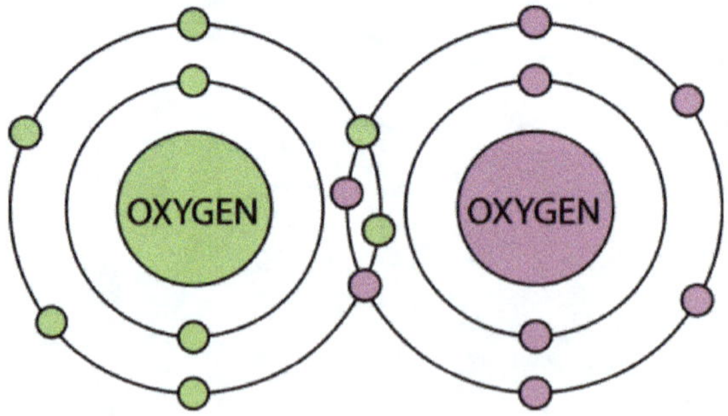

Figura 6.1: Dois átomos de oxigênio compartilhando elétrons para formar uma ligação covalente

6.2. Ligação Iônica

Uma ligação iônica se forma quando um átomo doa um ou mais elétrons para outro átomo, criando íons — átomos carregados. O átomo que perde elétrons torna-se um íon carregado positivamente (cátion), enquanto o átomo que ganha elétrons torna-se um íon carregado negativamente (ânion). A atração eletrostática entre esses íons de cargas opostas forma a ligação iônica.

Por exemplo, o sódio (Na) doa um elétron para o cloro (Cl), formando Na^+ e Cl^-, que se combinam para formar o cloreto de sódio (NaCl) — o sal de cozinha comum.

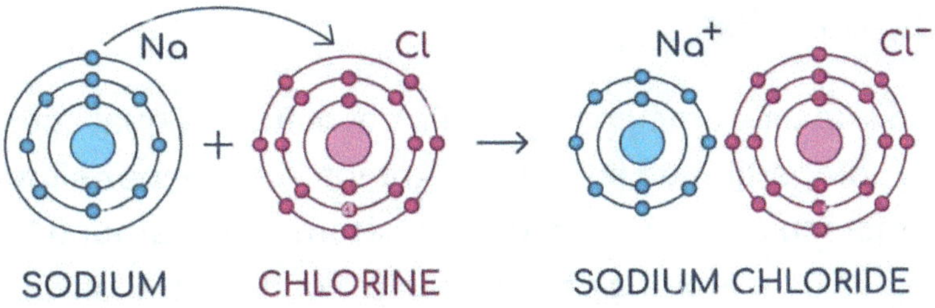

Figure 6.2: Illustration showing electron transfer and formation of ionic bond in sodium chloride

6.3. Ligação Metálica

Uma ligação metálica ocorre em metais, onde os átomos compartilham um "mar de elétrons" que flui livremente ao redor e entre os átomos. Esse movimento livre dos elétrons confere aos metais suas propriedades únicas, como condutividade elétrica, maleabilidade e brilho. Embora as ligações metálicas sejam menos relevantes para moléculas biológicas, elas são importantes para a compreensão de implantes biomédicos e instrumentos feitos de metais.

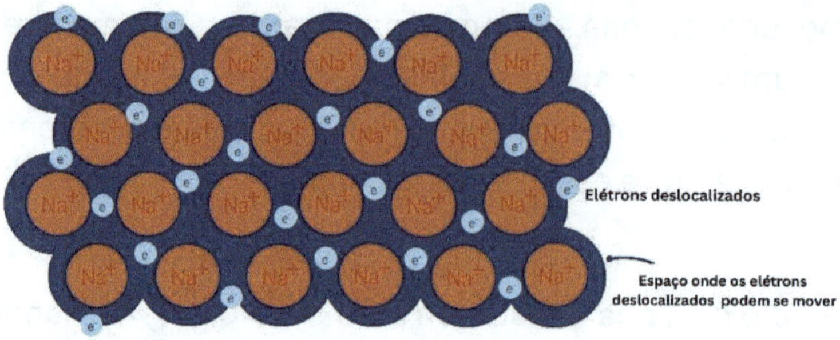

Figura 6.3: Ilustração da ligação metálica com elétrons em movimento livre. Fonte: https://www.chemistrystudent.com/metallicbonding.html

6.4. Ligação Simples

Uma ligação simples é um tipo de ligação covalente na qual apenas um par de elétrons é compartilhado entre dois átomos. As ligações simples são comuns em moléculas orgânicas, onde os átomos de carbono formam ligações simples com átomos de hidrogênio e outros átomos de carbono.

Exemplo: H—H (Molécula de hidrogênio).

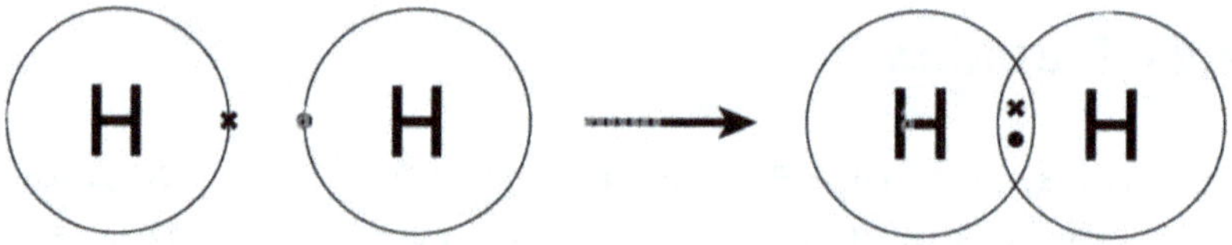

Figura 6.4: Ilustração de uma ligação simples entre átomos de hidrogênio

6.5. Ligação Dupla

Uma ligação dupla se forma quando dois pares de elétrons são compartilhados entre dois átomos. As ligações duplas são mais fortes que as ligações simples e influenciam a forma e as propriedades das moléculas.

Exemplo: O=O (Molécula de oxigênio).

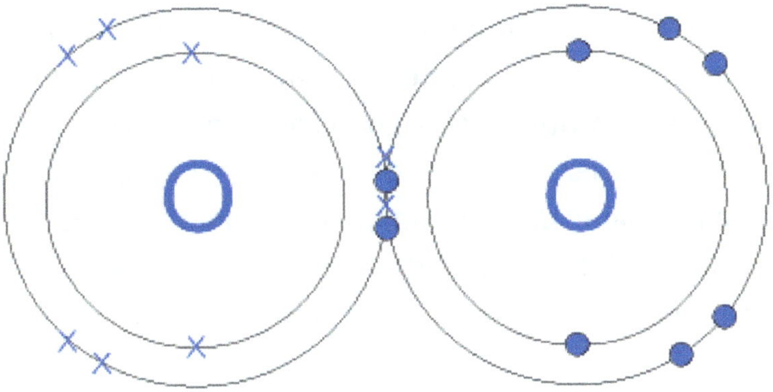

Figura 6.5: Ilustração de uma ligação dupla entre átomos de oxigênio

6.6. Força Eletrostática

As forças eletrostáticas são as forças de atração ou repulsão entre partículas carregadas. Essas forças desempenham um papel crucial na ligação iônica e influenciam como as moléculas carregadas interagem dentro dos sistemas biológicos.

6.7. Atração Eletrostática

Esta é a força que puxa cargas opostas uma em direção à outra. A atração eletrostática é essencial nas ligações iônicas e também ajuda a estabilizar estruturas de proteínas, onde cadeias laterais de aminoácidos com cargas opostas se atraem.

6.8. Força de Repulsão Eletrostática

A força de repulsão eletrostática ocorre quando partículas com a mesma carga se repelem. Isso é crucial nos sistemas biológicos, como nos grupos fosfato do DNA, que são carregados negativamente e se repelem — um fator que influencia a estrutura helicoidal da molécula de DNA.

7. Água, Soluções e Misturas

A vida como a conhecemos depende fortemente da água e das várias soluções e misturas formadas com ela. A água é frequentemente chamada de solvente universal porque dissolve mais substâncias do que qualquer outro líquido. Nos organismos vivos, os processos biológicos dependem amplamente da formação de soluções, onde substâncias são dissolvidas e transportadas dentro das células e dos tecidos. Neste capítulo, exploraremos as propriedades da água, o conceito de soluções e a natureza das misturas.

7.1. Forças Intermoleculares

As forças intermoleculares são as forças de atração ou repulsão entre moléculas. Essas forças são mais fracas do que as ligações covalentes ou iônicas, mas ainda desempenham um papel crucial na dissolução de substâncias e no comportamento das misturas.

Existem três tipos principais de forças intermoleculares:

- Ligação de hidrogênio – Atração entre um átomo de hidrogênio covalentemente ligado a um átomo altamente eletronegativo (como oxigênio ou nitrogênio) e outro átomo eletronegativo próximo. Isso é particularmente importante na água.
- Interações dipolo-dipolo – Atrações entre moléculas polares, onde cargas parciais positivas e negativas se atraem.
- Forças de Van der Waals – Atrações fracas entre moléculas apolares causadas por dipolos temporários.

7.2 Solubilidade de um Soluto

Solubilidade refere-se à quantidade de um soluto (a substância sendo dissolvida) que pode se dissolver em uma determinada quantidade de solvente (o meio de dissolução), geralmente a água. A solubilidade é influenciada por:

- **Temperatura** – Na maioria dos casos, o aumento da temperatura aumenta a solubilidade de sólidos, mas diminui a solubilidade de gases.
- **Polaridade** – A regra do "semelhante dissolve semelhante" afirma que solutos polares se dissolvem bem em solventes polares (como a água), enquanto solutos apolares se dissolvem melhor em solventes apolares (como o óleo).

7.3. Natureza Iônica das Soluções Líquidas

Muitas soluções biológicas, como o plasma sanguíneo e o citoplasma, são soluções eletrolíticas, ou seja, contêm íons que conduzem eletricidade. Quando um composto iônico se dissolve na água, ele se dissocia em íons positivos e negativos, que são cercados por moléculas de água em um processo chamado hidratação.

Por exemplo, ao dissolver NaCl (sal de cozinha) em água, ocorre:

$$NaCl \rightarrow Na^+ + Cl^-$$

A capacidade de formar soluções iônicas é crucial para impulsos nervosos, contração muscular e regulação do pH nos sistemas biológicos.

7.4. Agentes Estabilizadores em Soluções Líquidas

Em algumas misturas, agentes estabilizadores ajudam a evitar a separação ou aglomeração de partículas. Esses agentes, também chamados de emulsificantes ou surfactantes, possuem regiões polares e apolares, permitindo que façam a ponte entre componentes solúveis em água e solúveis em gordura.

Exemplo: Os sais biliares atuam como emulsificantes no sistema digestivo, ajudando a quebrar gorduras em micelas que podem ser absorvidas pelo intestino.

7.5. Classificações das Misturas

Misturas são combinações de duas ou mais substâncias que não estão quimicamente ligadas. Elas podem ser classificadas em:

- **Misturas homogêneas (soluções)** – A composição é uniforme em toda a mistura (exemplo: água salgada).
- **Misturas heterogêneas** – A composição não é uniforme, e é possível ver diferentes componentes (exemplo: óleo e água).
- **Coloides** – As partículas são maiores do que nas soluções, mas pequenas o suficiente para não se depositarem (exemplo: leite).
- **Suspensões** – Partículas grandes que eventualmente se depositam no fundo (exemplo: água barrenta).

7.6. Equívocos Químicos

Ao estudar soluções e misturas, alguns equívocos comuns incluem:

- **Achar que dissolver significa desaparecer** – Na realidade, as substâncias dissolvidas ainda estão presentes, apenas em forma molecular ou iônica.
- **Confundir fusão com dissolução** – A fusão é uma mudança de fase física, enquanto a dissolução envolve interação com um solvente.
- **Acreditar que mais agitação sempre aumenta a solubilidade** – A agitação acelera o processo, mas não altera a quantidade máxima que pode se dissolver.

Corrigir esses equívocos é essencial para uma compreensão clara dos processos biológicos, nos quais misturas e soluções desempenham papéis fundamentais.

8. Quais Elementos Estão Presentes nas Células?

As células, as unidades básicas da vida, são compostas principalmente por um pequeno grupo de elementos essenciais que formam os blocos de construção das moléculas biológicas. Esses elementos se combinam de diferentes maneiras para criar proteínas, lipídios, carboidratos e ácidos nucleicos, todos indispensáveis para a vida. Vamos explorar alguns dos elementos mais importantes encontrados nas células e suas funções.

8.1. Carbono: A Espinha Dorsal da Vida

O carbono é frequentemente chamado de "elemento da vida" devido à sua capacidade única de formar quatro ligações covalentes, permitindo a criação de cadeias, anéis e ramificações complexas. Essas estruturas servem como base para moléculas orgânicas, como proteínas, lipídios e DNA.

Nas células, os átomos de carbono se ligam ao hidrogênio, oxigênio, nitrogênio e outros elementos para formar macromoléculas essenciais à vida.

8.2. Hidrogênio: Essencial para a Água e os Compostos Orgânicos

O hidrogênio é o elemento mais abundante no universo e desempenha um papel crucial nas células. Ele faz parte da água (H_2O), o meio onde ocorrem todos os processos biológicos. Os átomos de hidrogênio também estão presentes em quase todas as biomoléculas, incluindo aminoácidos, gorduras e nucleotídeos.

Além disso, as ligações de hidrogênio — interações fracas entre átomos de hidrogênio e elementos eletronegativos, como oxigênio ou nitrogênio — ajudam a estabilizar a estrutura do DNA e das proteínas.

8.3. Hemoglobina: Ferro e Transporte de Oxigênio

Embora o ferro não seja um dos elementos mais abundantes nas células, ele é vital para a hemoglobina, a proteína presente nas hemácias que transporta oxigênio pelo corpo. Cada molécula de hemoglobina contém átomos de ferro, que se ligam às moléculas de oxigênio, permitindo que as células recebam o oxigênio necessário para a respiração celular.

8.4. Fósforo: Energia e Estrutura do DNA

O fósforo é essencial por duas razões principais:

1. **Estrutura do DNA e RNA** – Os grupos fosfato ligam nucleotídeos para formar a estrutura açúcar-fosfato do DNA e do RNA.
2. **Moeda energética** – O trifosfato de adenosina (ATP), principal transportador de energia das células, contém três grupos fosfato, que liberam energia quando quebrados.

Sem fósforo, as células não conseguiriam armazenar e transferir energia nem codificar informações genéticas.

8.5. Nitrogênio: Essencial para Proteínas e Ácidos Nucleicos

O nitrogênio é um componente fundamental dos aminoácidos, que formam as proteínas, e dos nucleotídeos, que compõem o DNA e o RNA. Sua presença nessas moléculas permite que as células produzam enzimas, proteínas estruturais e material genético.

Na natureza, a **fixação do nitrogênio** — conversão do nitrogênio atmosférico em formas utilizáveis pelas células — é realizada por bactérias especiais que vivem no solo e nas raízes das plantas.

Esses cinco elementos — carbono, hidrogênio, fósforo, nitrogênio e ferro — são apenas alguns dos elementos essenciais para a vida, mas estão entre os mais importantes. Juntos, eles ajudam as células a construir moléculas, armazenar energia e realizar processos vitais.

9. As Macromoléculas São as "Grandes" Moléculas nos Seres Vivos

A vida depende das macromoléculas, que são moléculas grandes e complexas formadas por blocos menores. Essas macromoléculas desempenham funções essenciais dentro das células — desde o armazenamento de informações genéticas até o fornecimento de energia e a construção de componentes estruturais.

9.1. Biomoléculas: Os Quatro Principais Tipos

Todos os organismos vivos dependem de quatro principais categorias de biomoléculas, também chamadas de macromoléculas:

- Carboidratos
- Proteínas
- Lipídios
- Ácidos Nucleicos

Essas grandes moléculas são formadas a partir de monômeros menores, que se unem por meio da polimerização.

9.2. Funções das Macromoléculas

Cada tipo de macromolécula desempenha funções distintas e essenciais para os processos celulares:

- **Carboidratos:** Fornecem energia e suporte estrutural.
- **Proteínas:** Atuam como enzimas, componentes estruturais, hormônios e muito mais.
- **Lipídios:** Armazenam energia, formam membranas celulares e fornecem isolamento térmico.

- **Ácidos Nucleicos:** Armazenam e transmitem informações genéticas (DNA e RNA).

9.3. Estrutura Geral das Macromoléculas

Embora cada tipo de macromolécula tenha uma forma e função diferentes, todas compartilham uma característica em comum — são polímeros, ou seja, são compostas por unidades monoméricas repetitivas.

- **Carboidratos** são compostos por unidades de açúcar (monossacarídeos).
- **Proteínas** são compostas por aminoácidos.
- **Ácidos nucleicos** são compostos por nucleotídeos.
- **Lipídios** não são polímeros verdadeiros, mas geralmente contêm longas cadeias de hidrocarbonetos ou ácidos graxos.

9.4. Elementos-chave nos Macromoléculas

Diferentes macromoléculas contêm diferentes combinações de elementos essenciais:

- **Carbono (C)** — Forma a estrutura base de todas as moléculas orgânicas.
- **Hidrogênio (H)** — Presente em todas as macromoléculas.
- **Oxigênio (O)** — Especialmente importante em carboidratos e ácidos nucleicos.
- **Nitrogênio (N)** — Encontrado em proteínas (aminoácidos) e ácidos nucleicos.
- **Fósforo (P)** — Um componente essencial dos ácidos nucleicos e membranas celulares.
- **Enxofre (S)** — Presente em certos aminoácidos (como cisteína e metionina).

9.5. Carboidratos: Energia Rápida e Suporte Estrutural

Os carboidratos são macromoléculas compostas principalmente de carbono, hidrogênio e oxigênio, geralmente em uma proporção de 1:2:1.

Principais Funções

- **Armazenamento de Energia:** A glicose, um açúcar simples, é uma fonte primária de energia para as células.
- **Suporte Estrutural:** A celulose nas plantas e a quitina nos fungos e insetos proporcionam suporte estrutural rígido.

Tipos de Carboidratos

- **Monossacarídeos:** Açúcares simples (ex.: glicose, frutose).
- **Dissacarídeos:** Dois monossacarídeos ligados (ex.: sacarose).
- **Polissacarídeos:** Longas cadeias de monossacarídeos (ex.: amido, glicogênio, celulose).

9.6. Ácidos Nucleicos: Transportadores das Instruções Genéticas

Os ácidos nucleicos armazenam e transmitem informações genéticas em todos os organismos vivos. Existem dois tipos principais:

- **Ácido Desoxirribonucleico (DNA)** — Armazena o código genético.
- **Ácido Ribonucleico (RNA)** — Auxilia na conversão do código em proteínas.

Estrutura

Os ácidos nucleicos são compostos por nucleotídeos, cada um contendo:

- Um grupo fosfato
- Um açúcar (desoxirribose ou ribose)
- Uma base nitrogenada (A, T, C, G ou U)

Funções

- **DNA** armazena as instruções para a fabricação de proteínas.
- O **RNA** ajuda a traduzir essas instruções em proteínas reais.

As macromoléculas são a base da vida biológica, permitindo que as células armazenem informações, construam estruturas, quebrem nutrientes e realizem reações químicas essenciais. Compreender sua composição, estrutura e função é crucial para entender como a vida funciona.

10. Termodinâmica nos Seres Vivos

Todos os processos biológicos — desde a fotossíntese até a contração muscular — dependem do fluxo e da transformação de energia. Compreender como a energia se comporta nos sistemas vivos exige conhecimento da termodinâmica, o estudo da transferência e conversão de energia.

10.1. As Primeira e Segunda Leis da Termodinâmica nos Seres Vivos

Os organismos vivos obedecem às leis da termodinâmica, assim como todos os outros sistemas do universo. No entanto, eles existem em um sistema aberto, trocando constantemente matéria e energia com o ambiente.

- **A Primeira Lei da Termodinâmica (Lei da Conservação da Energia)** afirma que a energia não pode ser criada nem destruída, apenas transformada de uma forma para outra.
  Exemplo: Na fotossíntese, a energia luminosa do sol é convertida em energia química armazenada na glicose.
- **A Segunda Lei da Termodinâmica** afirma que as transformações de energia sempre aumentam a entropia (desordem) total do universo. Isso significa que uma parte da energia é sempre dissipada na forma de calor em qualquer processo biológico.

10.2. Variação da Energia de Gibbs

Para entender se uma reação pode ocorrer espontaneamente nas células, os cientistas utilizam a variação da Energia Livre de Gibbs (ΔG).

- Se **ΔG for negativo (<0)**, o processo é espontâneo e pode ocorrer sem necessidade de entrada adicional de energia. Isso é chamado de **reação exergônica**.
- Se **ΔG for positivo (>0)**, o processo requer um fornecimento de energia para acontecer. Isso é chamado de **reação endergônica**.
- Os sistemas biológicos frequentemente **acoplam reações** — utilizando reações que liberam energia (como a hidrólise de ATP) para impulsionar reações que exigem energia.

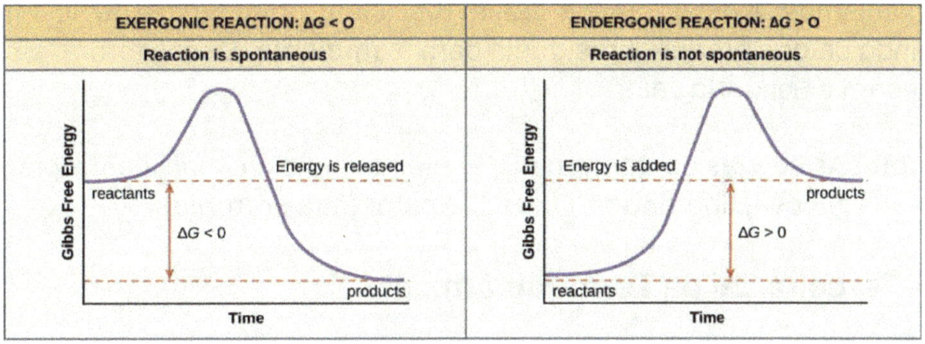

Figura 10.1: Ilustração da diferença entre uma reação exergônica (ΔG < 0) e uma reação endergônica (ΔG > 0).

Fonte: Khan Academy – Energia Livre de Gibbs

10.3. Primeira Lei da Termodinâmica

A Primeira Lei da Termodinâmica é uma afirmação sobre a conservação da energia:

A energia em um sistema fechado é constante. Ela pode apenas mudar de forma, mas a quantidade total permanece a mesma.

Nos organismos vivos, a energia flui continuamente:

- A energia luminosa entra através da fotossíntese.
- A energia química (como a glicose) alimenta o metabolismo.
- A energia térmica sai do sistema.

Essa entrada e saída constantes permitem que a vida funcione, apesar das restrições impostas pela Primeira Lei.

10.4. Segunda Lei da Termodinâmica

A Segunda Lei da Termodinâmica destaca uma tendência universal à desordem:
Toda transferência de energia aumenta a entropia do universo.

Os organismos vivos mantêm a ordem (baixa entropia) dentro de si, liberando calor e produtos residuais para o ambiente. Dessa forma, eles obedecem à Segunda Lei.

Exemplo: As células constroem moléculas complexas (baixa entropia) ao quebrar a glicose, liberando CO_2, H_2O e calor (alta entropia).

10.5. Terceira Lei da Termodinâmica

Embora seja menos aplicada à biologia, a Terceira Lei da Termodinâmica afirma:
À medida que um sistema se aproxima do zero absoluto (0 K), sua entropia se aproxima de um valor mínimo.

Essa lei é mais relevante para a física teórica, mas destaca a relação entre temperatura e desordem — mesmo nas células, temperaturas mais baixas reduzem o movimento molecular e a taxa das reações.

10.6. Aplicação aos Organismos

Os sistemas vivos são sistemas abertos, ou seja, trocam tanto energia quanto matéria com o ambiente. É assim que mantêm sua organização e função.

Exemplos de Termodinâmica na Biologia

- **Fotossíntese:** Converte energia luminosa em energia química, obedecendo à Primeira Lei.
- **Respiração Celular:** Libera energia química armazenada e produz calor, aumentando a entropia, seguindo a Segunda Lei.
- **Homeostase:** As células regulam temperatura, pH e outros fatores para otimizar a atividade enzimática, refletindo indiretamente os princípios da termodinâmica.

A termodinâmica influencia todos os aspectos da vida, desde a montagem molecular até a produção de energia e a função celular. Compreender esses princípios ajuda a explicar como os organismos alimentam suas atividades, mantêm sua ordem interna e interagem com o ambiente.

11. ATP como "Combustível"

Toda célula viva necessita de energia para funcionar, e a principal moeda energética da célula é o trifosfato de adenosina, ou **ATP**. Essa pequena molécula age como uma bateria recarregável, armazenando e transferindo energia para praticamente todos os processos celulares.

11.1. O que torna o ATP especial?

O ATP é composto por:

- Uma base adenina
- Um açúcar ribose
- Três grupos fosfato

As ligações entre os fosfatos são **ligações de alta energia**, o que significa que sua quebra libera energia que a célula pode usar para:

- Contração muscular
- Síntese de moléculas
- Transporte de íons através das membranas

Hidrólise do ATP

A reação mais importante envolvendo o ATP é a **hidrólise**:

ATP → ADP + Pi + energia

Essa liberação de energia impulsiona a maioria dos processos celulares, conectando as vias **catabólicas** (quebra de moléculas) e **anabólicas** (síntese de moléculas).

12. Metabolismo e Enzimas na Célula

O metabolismo refere-se ao conjunto de todas as reações químicas que ocorrem em uma célula. Ele inclui:

- **Vias catabólicas**, que quebram moléculas para liberar energia.
- **Vias anabólicas**, que constroem moléculas complexas, exigindo entrada de energia.

12.1. Complexidade Metabólica

As células funcionam como fábricas químicas, conduzindo milhares de reações simultaneamente. Essas reações estão interligadas em vias metabólicas, onde o produto de uma etapa se torna o reagente da próxima.

Redes Metabólicas

O metabolismo celular não é linear, mas forma uma complexa rede de vias interconectadas. Isso permite que as células:

- Se adaptem a mudanças no ambiente.
- Priorizem funções essenciais.
- Armazenem ou liberem energia de maneira eficiente.

12.2. Regulação das Enzimas

As **enzimas** são catalisadores biológicos que aceleram as reações ao reduzir a energia de ativação. As células regulam cuidadosamente suas enzimas para controlar o metabolismo.

Mecanismos de Regulação

- **Regulação alostérica:** Moléculas se ligam a um local diferente do sítio ativo da enzima, alterando sua atividade.
- **Inibição por feedback:** O produto final de uma via inibe uma enzima

anterior para evitar a superprodução.
• **Regulação gênica:** As células controlam a produção de enzimas no nível do DNA, ativando ou desativando genes.

12.3. Coenzimas

As **coenzimas** são moléculas orgânicas que auxiliam as enzimas na catálise de reações químicas. Muitas vitaminas atuam como coenzimas ou seus precursores.

Exemplos:

• **NAD^+ (Nicotinamida adenina dinucleotídeo):** Auxilia na transferência de elétrons durante a respiração celular.
• **Coenzima A (CoA):** Transporta grupos acetil no metabolismo.

12.4. Cofatores

Os **cofatores** são auxiliares não proteicos essenciais para o funcionamento de algumas enzimas. Eles podem ser:

• **Íons metálicos** (como Mg^{2+} ou Fe^{2+}).
• **Pequenas moléculas orgânicas** (coenzimas).

Sem os cofatores adequados, muitas enzimas não conseguem desempenhar suas funções.

Juntos, **enzimas, coenzimas e cofatores** garantem que o metabolismo funcione de forma eficiente, permitindo que as células convertam energia, sintetizem novas moléculas e respondam a mudanças no ambiente.

13. A Membrana Plasmática: A Guardiã da Célula

A **membrana plasmática** é uma estrutura essencial que define o limite da célula e controla o movimento de substâncias para dentro e para fora dela. Frequentemente chamada de **guardiã da célula**, desempenha um papel central na manutenção da homeostase celular.

13.1. Funções da Membrana Plasmática

A membrana plasmática possui diversas funções críticas, incluindo:

- Separar o ambiente interno da célula do ambiente externo.
- Regular a importação e exportação de moléculas.
- Permitir a comunicação entre células.
- Ancorar o citoesqueleto, proporcionando forma e suporte.
- Participar da sinalização celular por meio de proteínas receptoras.

13.2. Estrutura

A membrana plasmática segue o **modelo do mosaico fluido**, onde fosfolipídios, proteínas e carboidratos se movem constantemente dentro de uma bicamada flexível.

Principais Componentes Estruturais:

Bicamada de fosfolipídios – Duas camadas de fosfolipídios com **cabeças hidrofílicas** voltadas para fora e **caudas hidrofóbicas** voltadas para dentro.
Proteínas – Proteínas inseridas na membrana atuam como canais, transportadores, receptores ou enzimas.
Carboidratos – Ligados a proteínas (**glicoproteínas**) ou lipídios (**glicolipídios**), auxiliam no reconhecimento celular.
Colesterol – Mantém a fluidez e estabilidade da membrana, especialmente em células animais.

13.3. Funções

A membrana plasmática é muito mais do que uma barreira; ela desempenha funções dinâmicas na célula. Principais funções incluem:

Permeabilidade seletiva – Permite a passagem apenas de determinadas substâncias.
Mecanismos de transporte – Facilitam **difusão, osmose, difusão facilitada e transporte ativo**.
Transdução de sinais – Recebe sinais do ambiente por meio de proteínas receptoras, desencadeando respostas internas.
Reconhecimento celular – Usa glicoproteínas para respostas imunológicas e comunicação celular.

13.4. Composição

A membrana plasmática é composta principalmente por:

Fosfolipídios (componente estrutural principal).
Proteínas (integrais e periféricas).
Carboidratos (reconhecimento e adesão celular).
Colesterol (regula a fluidez da membrana).

Caudas Hidrofóbicas e Cabeças Hidrofílicas:

Cabeças hidrofílicas interagem com a água dentro e fora da célula.
Caudas hidrofóbicas evitam a água, formando o núcleo interno da bicamada.
Essa **natureza anfipática** permite que a membrana forme uma barreira estável em um ambiente aquoso.

13.5. Proteínas

As proteínas da membrana são essenciais para o transporte, comunicação e reconhecimento celular.

Tipos de Proteínas de Membrana:

Proteínas transportadoras – Facilitam o movimento de moléculas pela membrana.
Proteínas receptoras – Ligam-se a moléculas sinalizadoras para iniciar respostas celulares.
Proteínas enzimáticas – Catalisam reações diretamente na membrana.
Proteínas de ancoragem – Conectam-se ao citoesqueleto para dar forma e estabilidade à célula.

13.6. Homeostase Celular

Uma das funções mais importantes da membrana plasmática é **manter a homeostase celular** — um ambiente interno estável, apesar das variações externas. Isso envolve:

- Regular a concentração de íons.
- Controlar a captação de nutrientes.
- Remover produtos residuais.
- Responder a sinais do ambiente.

Sem uma membrana plasmática funcional, as células perderiam sua integridade e não sobreviveriam.

14. Difusão e Osmose

A difusão e a osmose são processos fundamentais que descrevem como as moléculas e a água se movem através das membranas celulares. Ambos são vitais para manter a homeostase celular e garantir o bom funcionamento das células.

14.1. Difusão

A difusão é o movimento passivo das moléculas de uma área de maior concentração para uma área de menor concentração. Esse movimento continua até que o equilíbrio seja alcançado, onde as moléculas são distribuídas de maneira uniforme.

Características principais da difusão:

- Não requer aporte de energia da célula.
- Ocorre devido ao movimento molecular aleatório.
- Mais rápida em gases do que em líquidos, e mais lenta em sólidos.
- Influenciada pela temperatura, o gradiente de concentração e o tamanho das moléculas.

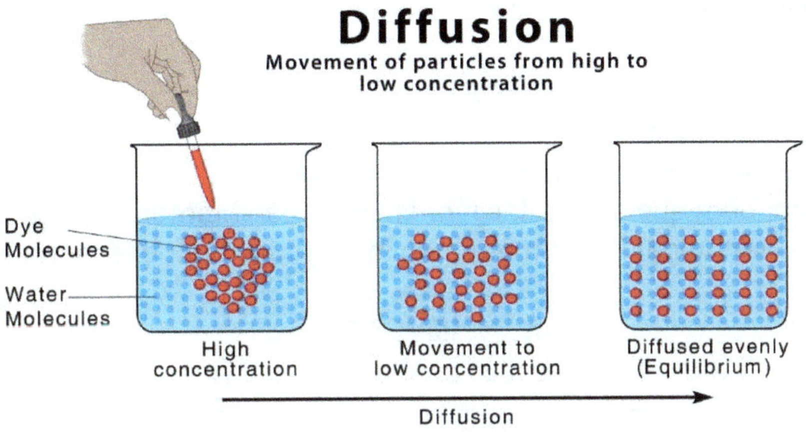

Figura 14.1: Ilustração do processo de difusão. Fonte: https://www.sciencefacts.net/diffusion.html

Tradução das Etiquetas da Imagem

- Diffusion → Difusão
- Movement of particles from high to low concentration → Movimento de partículas de alta para baixa concentração
- Dye Molecules → Moléculas de corante
- Water Molecules →Moléculas de água
- High concentration → Alta concentração
- Movement to low concentration → Movimento para baixa concentração
- Diffused evenly (Equilibrium) → Difundido uniformemente (Equilíbrio)

14.2. Osmose

A osmose é um tipo especial de difusão que envolve o movimento de moléculas de água através de uma membrana semipermeável. A água se move de uma área de menor concentração de soluto (mais água) para uma área de maior concentração de soluto (menos água) para equilibrar as diferenças de concentração.

Características principais da osmose:

- Envolve apenas moléculas de água.
- Não requer energia.
- Essencial para a regulação do volume celular.
- Pode fazer com que as células inchem (solução hipotônica), encolham (solução hipertônica) ou permaneçam inalteradas (solução isotônica).

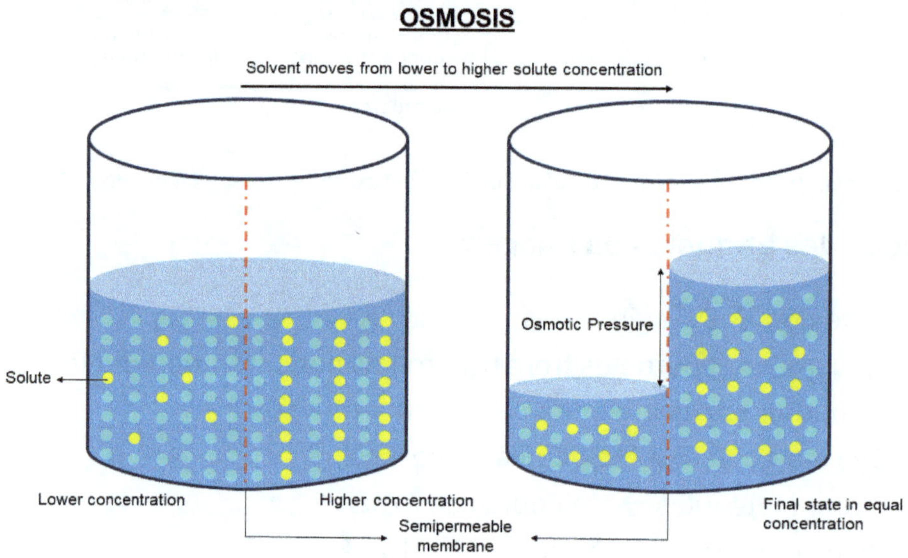

Figura 14.2: Ilustração do processo de osmose. Fonte:
https://www.biotechreality.com/2023/12/osmosis-definition-diagram-applications-and-faq.html

Tradução das Etiquetas da Imagem

- OSMOSIS → OSMOSE
- Solvent moves from lower to higher solute concentration → O solvente se move de uma menor para uma maior concentração de soluto
- Solute → Soluto
- Lower concentration → Menor concentração

- Higher concentration → Maior concentração
- Semipermeable membrane → Membrana semipermeável
- Osmotic Pressure → Pressão osmótica
- Final state in equal concentration → Estado final em concentração igual

14.3. Osmose Reversa: Um Processo de Osmose

A osmose reversa (RO) é o processo de forçar moléculas de água através de uma membrana semipermeável na direção oposta à osmose normal. Isso requer a aplicação de pressão externa, sendo comumente utilizada na purificação da água.

Principais características da Osmose Reversa:
- Requer entrada de energia (pressão aplicada).
- Remove contaminantes, sais e impurezas da água.
- Usada na dessalinização, purificação da água e tratamento de águas residuais.

14.4. Semelhança com a Difusão

A osmose e a difusão ambas:
- Envolvem o movimento passivo de moléculas.
- Ocorrem sem necessidade de energia.
- Resultam em equilíbrio ao longo do tempo.
- Dependem de gradientes de concentração.

14.5. Semelhança com ODCA

ODCA refere-se ao Ajuste de Concentração Induzido por Osmose (termo hipotético). A semelhança está na forma como as forças osmóticas impulsionam o movimento da água para equilibrar as concentrações de soluto através das membranas.

- Ambos os processos envolvem o movimento da água.
- Ambos ajustam as concentrações de soluto para manter a homeostase.
- Ambos dependem de membranas semipermeáveis.

14.6. Semelhança com DODT

DODT refere-se ao Transporte de Distribuição Orientado por Difusão (outro termo hipotético). A semelhança reside na maneira como os princípios da difusão são usados para mover moléculas nos sistemas biológicos.

- Ambos dependem de gradientes de concentração.
- Ambos não requerem entrada direta de energia.
- Ambos ajudam a distribuir moléculas uniformemente pelos espaços.

15. Transporte Passivo e Ativo

As células movem constantemente substâncias através de suas membranas plasmáticas para manter a homeostase e sustentar suas funções. Esses processos de transporte são divididos em duas categorias principais: transporte passivo e transporte ativo.

15.1. Processos de Transporte Passivo

O transporte passivo é o movimento de moléculas através da membrana celular sem o uso de energia celular (ATP). Em vez disso, as moléculas se movem ao longo de seu gradiente de concentração — de áreas de alta concentração para áreas de baixa concentração.

Principais tipos de transporte passivo:

- **Difusão Simples:** Moléculas pequenas e apolares (ex.: oxigênio, dióxido de carbono) passam diretamente pela bicamada lipídica.
- **Difusão Facilitada:** Moléculas maiores ou polares (ex.: glicose, íons) passam por proteínas canal ou proteínas carreadoras.
- **Osmose:** Movimento de moléculas de água através de uma membrana semipermeável.

15.2. Natureza Não Seletiva do Transporte Passivo

O transporte passivo muitas vezes não é seletivo, especialmente na difusão simples. Qualquer molécula que se encaixe nas propriedades físicas e químicas da membrana celular (tamanho, polaridade, carga) pode atravessá-la. Essa não seletividade permite que as células troquem continuamente gases essenciais (como oxigênio e dióxido de carbono) com o ambiente.

- A difusão facilitada, no entanto, pode ser mais seletiva devido à especificidade das proteínas carreadoras e proteínas canal.

• A não seletividade beneficia processos como a troca gasosa, onde todas as moléculas de oxigênio podem difundir-se livremente para dentro da célula.

15.3. Efeito da Concentração de Oxigênio no Transporte Passivo

A taxa de transporte passivo é fortemente influenciada pela concentração de oxigênio e outras moléculas. Por exemplo, quando a concentração de oxigênio fora da célula é alta, as moléculas de oxigênio difundem-se rapidamente para dentro da célula. À medida que o gradiente de oxigênio diminui (as concentrações interna e externa se igualam), a taxa de difusão desacelera.

As células em ambientes com pouco oxigênio dependem de gradientes íngremes de oxigênio para maximizar a difusão.

As taxas de difusão aumentam com:

- Gradientes de concentração mais altos.
- Moléculas menores.
- Temperaturas mais altas.

15.4. Efeito dos Inibidores Metabólicos no Transporte Ativo

Ao contrário do transporte passivo, o transporte ativo requer energia na forma de ATP. O transporte ativo move moléculas contra seu gradiente de concentração, de baixa para alta concentração — um processo que não ocorreria espontaneamente.

Exemplo:

A bomba de sódio e potássio bombeia ativamente íons de sódio para fora da célula e íons de potássio para dentro da célula — ambos contra seus gradientes de concentração.

Quando inibidores metabólicos (como o cianeto) bloqueiam a produção de ATP, os processos de transporte ativo são interrompidos. Isso leva a:

- Desequilíbrios iônicos através da membrana.
- Perda da homeostase celular.
- Potencial morte celular se o transporte não for restaurado.

Tabela 15.1: Comparação entre Transporte Passivo e Ativo

Característica	Transporte Passivo	Transporte Ativo
Requisito de Energia	Nenhum	Requer ATP
Direção	A favor do gradiente de concentração	Contra o gradiente de concentração
Seletividade	Frequentemente não seletivo	Altamente seletivo
Fatores Limitantes da Taxa	Gradiente de concentração, temperatura	Disponibilidade de ATP, função da proteína carreadora
Exemplos	Difusão, osmose	Bomba de sódio e potássio, endocitose

16. Sinalização Celular

As células não são entidades isoladas — elas se comunicam constantemente com o ambiente e com outras células. Esse processo de comunicação é chamado de sinalização celular, permitindo que as células coordenem atividades, respondam a estímulos e mantenham a homeostase. Os sinais podem vir de células vizinhas, tecidos distantes ou até mesmo do ambiente externo.

A sinalização celular segue um caminho geral:

1. **Recepção do sinal** – Uma molécula sinalizadora (ligante) se liga a um receptor.
2. **Transdução do sinal** – O sinal é processado dentro da célula.
3. **Resposta celular** – A célula muda seu comportamento em resposta ao sinal.

16.1. Receptores de Superfície Celular

A maioria dos sinais não pode atravessar diretamente a membrana plasmática, especialmente se forem hidrofílicos ou grandes. Em vez disso, esses sinais dependem de receptores de superfície celular, proteínas embutidas na membrana plasmática que detectam sinais externos e desencadeiam respostas internas.

Tipos de Receptores de Superfície Celular:

• **Receptores acoplados à proteína G (GPCRs):** Esses receptores ativam proteínas G intracelulares, que então disparam segundos mensageiros como o AMP cíclico (cAMP).
• **Receptores de canais iônicos:** Esses receptores formam canais que se abrem quando um ligante se liga, permitindo o fluxo de íons através da membrana.
• **Receptores ligados a enzimas:** A ligação da molécula sinalizadora ativa um

domínio enzimático dentro da célula, frequentemente desencadeando cascatas de fosforilação.

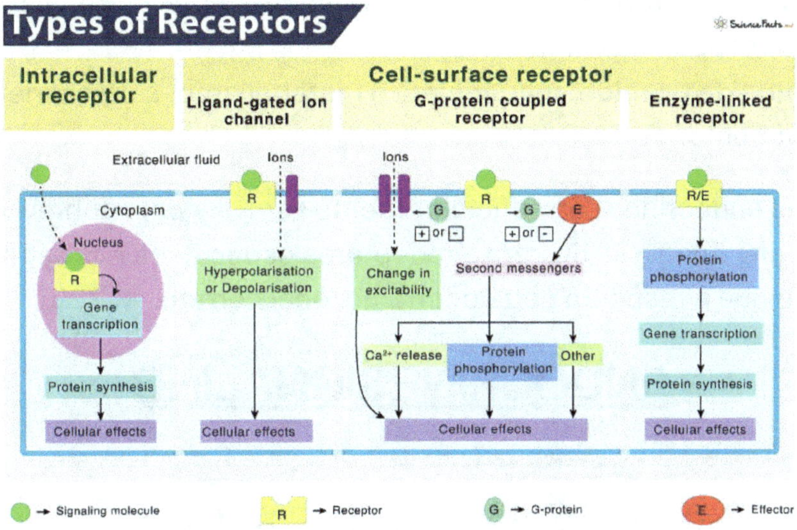

Figura 16.1: Diferentes tipos de receptores de superfície celular. Fonte: https://www.sciencefacts.net/types-of-receptors.html

Esses receptores garantem que a célula possa detectar uma ampla variedade de sinais, desde hormônios até neurotransmissores, e responder de forma apropriada.

16.2. Ligantes Endócrinos

Alguns sinais percorrem longas distâncias pelo corpo, como os hormônios secretados na corrente sanguínea. Esses são chamados de **ligantes endócrinos**. Produzidos por glândulas especializadas, os ligantes endócrinos influenciam células-alvo que podem estar distantes do local de secreção.

Exemplos de Ligantes Endócrinos:

• **Insulina**: Secretada pelo pâncreas, a insulina regula os níveis de glicose no sangue.
• **Adrenalina (Epinefrina)**: Liberada pelas glândulas suprarrenais, prepara o corpo para respostas de luta ou fuga.
• **Hormônios da tireoide**: Influenciam o metabolismo, o crescimento e o desenvolvimento.

Os ligantes endócrinos são suficientemente estáveis para sobreviver na corrente sanguínea e se ligarem a receptores específicos nas células-alvo, garantindo que a resposta certa ocorra no local correto.

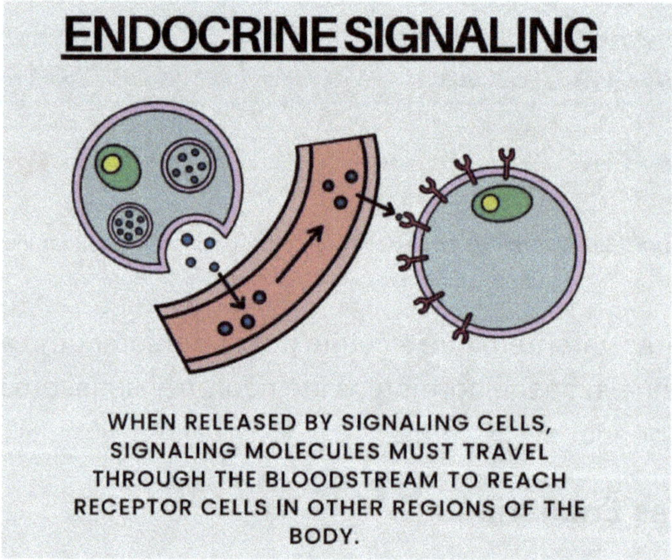

Figura 16.2: Ilustração mostrando a sinalização endócrina das glândulas até células distantes.
Fonte: https://medium.com/the-131217net/short-and-long-distance-cell-signaling-ef123e90c8d8

Aqui está a tradução de todos os textos da Figura 16.2:

SINALIZAÇÃO ENDÓCRINA

Quando liberadas por células sinalizadoras, as moléculas sinalizadoras devem viajar pela corrente sanguínea para alcançar as células receptoras em outras regiões do corpo.

Resumo

A sinalização celular é essencial para a comunicação entre células, permitindo que elas trabalhem em conjunto em organismos multicelulares. Seja por meio de receptores de superfície celular ou ligantes endócrinos, as células monitoram e respondem constantemente a sinais internos e externos para manter a sobrevivência, o crescimento e a homeostase.

17. Oxidação e Redução

As reações de oxidação e redução (comumente chamadas de reações redox) são processos fundamentais na biologia, química e até na produção de energia dentro das células vivas. Esses processos estão envolvidos em tudo, desde a respiração celular até a fotossíntese, sendo essenciais para a transferência de energia e os processos metabólicos.

17.1. Um Guia para Oxidação e Redução

Em uma reação redox, os elétrons são transferidos de uma substância para outra. A substância que perde elétrons sofre oxidação, enquanto a substância que ganha elétrons passa por redução.

- Oxidação: Perda de elétrons.
- Redução: Ganho de elétrons.

Uma mnemônica útil é OIL RIG:

- Oxidation Is Loss (Oxidação é Perda de elétrons).
- Reduction Is Gain (Redução é Ganho de elétrons).

Essas reações geralmente ocorrem simultaneamente, ou seja, quando uma substância é oxidada, outra é reduzida.

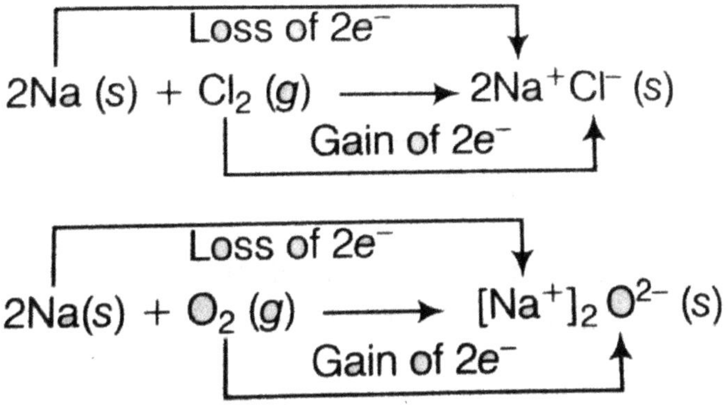

***Figura 17.1**: Ilustração da transferência de elétrons em uma reação redox simples.*

17.2. Relação Entre Agentes Oxidantes e Redutores

Em toda reação redox, há dois participantes principais:
- **Agente oxidante**: A substância que aceita elétrons e é reduzida.
- **Agente redutor**: A substância que doa elétrons e é oxidada.

Exemplo:
Na reação entre sódio e cloro:

$$2Na + Cl_2 \rightarrow 2NaCl$$

- Cada átomo de **sódio (Na)** doa um elétron (**oxidado**) — é o agente **redutor**.
- Cada átomo de **cloro (Cl_2)** aceita um elétron (**reduzido**) — é o agente **oxidante**.

Esses agentes trabalham juntos para impulsionar o processo redox como um todo.

17.3. Natureza das Reações Redox

As reações redox são essenciais na biologia porque estão envolvidas em:

- **Respiração celular**, onde a glicose é oxidada para produzir ATP.
- **Fotossíntese**, onde a água é quebrada (**oxidada**) e o dióxido de carbono é reduzido.
- **Processos de desintoxicação** nas células, onde substâncias nocivas são neutralizadas por mecanismos redox.

As reações redox também desempenham um papel fundamental em processos industriais, como:

- **Combustão** em motores.
- **Corrosão** de metais.
- **Baterias** e **células de combustível**.

17.4. Métodos das Reações Redox

Existem várias maneiras de classificar e balancear reações redox, especialmente em soluções aquosas:

- **Método da meia-reação**: Divide a reação geral em oxidação e redução separadamente.
- **Método íon-elétron**: Acompanha explicitamente a transferência de elétrons.
- **Método do número de oxidação**: Atribui números de oxidação aos átomos e observa suas variações.

- **Exemplo Usando Meias-Reações**

$Zn + Cu^{2+} \rightarrow Zn^{2+} + Cu$

- **Meia-reação de oxidação**:

$Zn \rightarrow Zn^{2+} + 2e^-$

- **Meia-reação de redução**:

$Cu^{2+} + 2e^- \rightarrow Cu$

17.5. Exemplos de Reações Redox

Exemplo Biológico: Respiração Celular
A glicose é oxidada e o oxigênio é reduzido:
$C_6H_{12}O_6 + 6O_2 \rightarrow 6CO_2 + 6H_2O$

Exemplo Industrial: Formação de Ferrugem
O ferro reage com o oxigênio na presença de água:
$4Fe + 3O_2 + 6H_2O \rightarrow 4Fe(OH)_3$

- **Ferro (Fe)** é oxidado para $Fe(OH)_3$.
- **Oxigênio (O_2)** é reduzido para formar hidróxido.

Resumo

As reações redox são fundamentais para os processos biológicos e as transformações químicas. Desde a produção de energia nas células até processos ambientais como a ferrugem e a combustão, entender o fluxo de elétrons ajuda a explicar o comportamento dos materiais e dos sistemas vivos.

18. Etapas da Respiração Celular

A respiração celular é o processo pelo qual as células extraem energia da glicose e a armazenam na forma de ATP (adenosina trifosfato). Este é um processo de múltiplas etapas, cuidadosamente regulado, que ocorre tanto no citoplasma quanto nas mitocôndrias das células.

A equação geral da respiração celular é:

$$C_6H_{12}O_6 + 6O_2 \rightarrow 6CO_2 + 6H_2O + \text{Energia (ATP)}$$

18.1. ATP – A Moeda de Energia

O ATP atua como o principal transportador de energia dentro da célula. Ele armazena energia em ligações fosfato, que podem ser quebradas para liberar energia para o trabalho celular, como contração muscular, transporte ativo e biossíntese.

Principais Características do ATP:

- Composto por adenina, ribose e três grupos fosfato.
- A ligação entre o segundo e o terceiro grupo fosfato é onde a energia é armazenada.
- Quando o ATP perde um grupo fosfato, ele se torna ADP (adenosina difosfato) e libera energia.

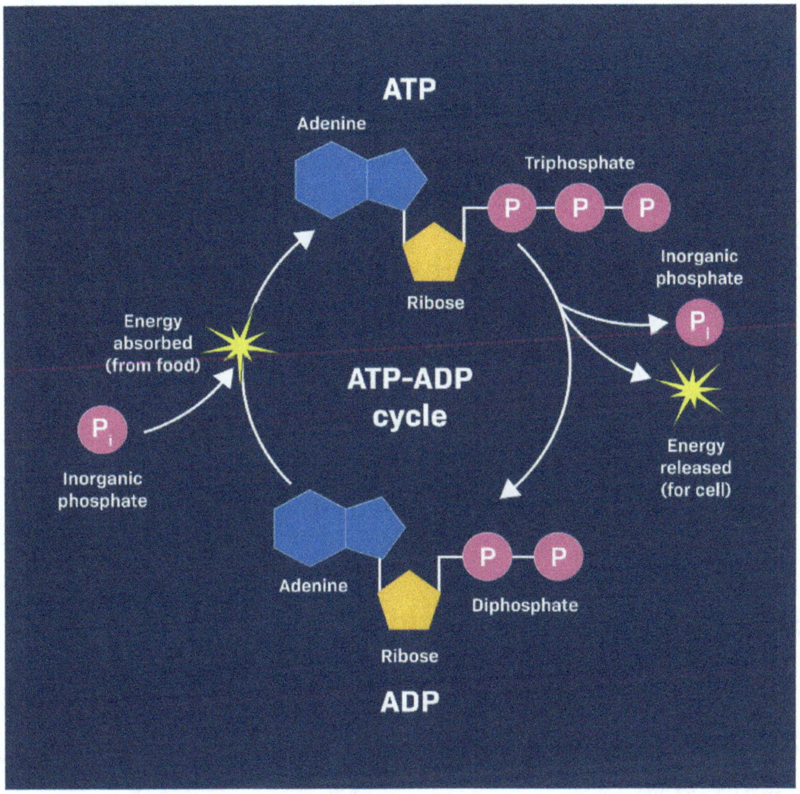

Figura 18.1: Processo de reciclo de ATP. Fonte:
https://www.labxchange.org/library/items/lb:LabXchange:8ef89bac:html:1

18.2. NADH – O Transportador de Elétrons

O NADH (nicotinamida adenina dinucleotídeo) é um transportador vital de elétrons na respiração celular. Durante várias etapas da respiração, os elétrons são retirados da glicose e transferidos para o NAD+, convertendo-o em NADH.

• O NADH transporta elétrons de alta energia para a cadeia de transporte de elétrons, onde sua energia é usada para produzir ATP.
• Outro transportador de elétrons, o FADH2, desempenha um papel semelhante.

18.3. CO_2 – O Produto de Resíduo

Durante a respiração celular, os átomos de carbono da glicose são liberados como dióxido de carbono (CO_2). Isso ocorre principalmente no ciclo de Krebs (também chamado de ciclo do ácido cítrico).

• Em organismos aeróbicos, o CO_2 é expelido da célula e, finalmente, exalado pelos pulmões (em animais).
• Em plantas, o CO_2 pode ser reciclado durante a fotossíntese.

Principais Fontes de CO_2 na Respiração:
• A glicólise não produz CO_2.
• A oxidação do piruvato libera 1 CO_2 por piruvato.
• O ciclo de Krebs libera 2 CO_2 por volta.

18.4. Glicose – O Ponto de Partida

A glicose ($C_6H_{12}O_6$) é o combustível principal para a respiração celular. As células degradam a glicose gradualmente, extraindo elétrons e energia química a cada passo.

Etapas da Decomposição da Glicose:

1. **Glicólise** (no citoplasma) – Divide a glicose em duas moléculas de piruvato.
2. **Oxidação do Piruvato** (nas mitocôndrias) – Converte o piruvato em acetil-CoA.
3. **Ciclo de Krebs** – Decompõe completamente o acetil-CoA, liberando CO_2, NADH e FADH2.
4. **Cadeia de Transporte de Elétrons (ETC)** – Usa NADH e FADH2 para impulsionar a produção de ATP.

Rendimento Energético:

- Glicólise: 2 ATP
- Ciclo de Krebs: 2 ATP
- Cadeia de Transporte de Elétrons: ~28-32 ATP

Resumo

A respiração celular é o processo essencial que permite às células extrair energia da glicose e armazená-la em ATP, o principal transportador de energia da célula. O NADH atua como um transportador vital de elétrons, e o CO_2 é produzido como um produto de resíduo. Compreender essas etapas ajuda a explicar como os seres vivos alimentam todas as suas atividades, desde o crescimento simples até o movimento e a comunicação complexos.

19. Introdução à Fotossíntese

A fotossíntese é o notável processo biológico pelo qual plantas, algas e algumas bactérias aproveitam a energia luminosa para produzir energia química. Ela ocorre principalmente nos cloroplastos das células vegetais, convertendo dióxido de carbono (CO_2) e água (H_2O) em glicose e oxigênio (O_2). Esse processo alimenta a cadeia alimentar e sustenta quase toda a vida na Terra.

A equação geral da fotossíntese é:

$$6CO_2 + 6H_2O + \text{energia luminosa} \rightarrow C_6H_{12}O_6 + 6O_2$$

19.1. Energia Luminosa

A fonte de energia que impulsiona a fotossíntese é a energia luminosa do sol. As plantas usam a clorofila, um pigmento verde encontrado nos cloroplastos, para absorver essa luz, principalmente nas ondas vermelha e azul, enquanto refletem a luz verde.

Pontos Chave:

- Fótons são pacotes de energia luminosa.
- A energia luminosa excita os elétrons na clorofila, iniciando o processo.
- Sem luz, a fotossíntese não pode prosseguir.

19.2. Reagentes

Os materiais brutos necessários para a fotossíntese são:

- Dióxido de carbono (CO_2) da atmosfera, absorvido através dos estômatos.
- Água (H_2O) absorvida do solo pelas raízes.
- Energia luminosa do sol.

Esses três reagentes se juntam no cloroplasto, onde ocorre a fotossíntese.

19.3. Reações Dependentes da Luz

A primeira fase da fotossíntese são as reações dependentes da luz, que ocorrem nas membranas dos tilacoides dentro do cloroplasto.

Eventos Chave:
- A clorofila absorve energia luminosa, excitando os elétrons.
- As moléculas de água são divididas (fotólise), liberando oxigênio (O_2), prótons (H^+) e elétrons.
- ATP e NADPH são produzidos, transportando energia e elétrons para a próxima fase.

Reação Resumo:

$$H_2O + \text{Energia luminosa} \rightarrow ATP + NADPH + O_2$$

19.4. Reações do Ciclo de Calvin

A segunda fase, chamada Ciclo de Calvin (ou reações independentes de luz), ocorre no estroma do cloroplasto. Esse processo usa os produtos das reações dependentes da luz — ATP e NADPH — juntamente com dióxido de carbono para sintetizar glicose.

Passos Chave:
- Fixação de carbono (incorporação de CO_2 em moléculas orgânicas).
- Fase de redução, produzindo G3P, um precursor de açúcar.
- Regeneração da molécula RuBP, permitindo que o ciclo continue.

Reação Resumo:

$$CO_2 + ATP + NADPH \rightarrow C_6H_{12}O_6$$

19.5. Fixação de Carbono

A fixação de carbono é o processo de conversão do carbono inorgânico (CO_2) em moléculas orgânicas como a glicose. Ela ocorre durante o Ciclo de Calvin, quando o dióxido de carbono é ligado a um composto de cinco carbonos chamado RuBP. Essa etapa é catalisada pela enzima RuBisCO — a enzima mais abundante na Terra.

19.6. Dióxido de Carbono

O dióxido de carbono (CO_2) é um reagente chave na fotossíntese. Ele difunde-se para as folhas através dos estômatos, pequenas aberturas na superfície da folha. Os níveis de CO_2, temperatura e intensidade luminosa influenciam a taxa de fotossíntese.

Importância:
• Fornece os átomos de carbono usados para formar a glicose.
• O aumento de CO_2 atmosférico (devido à atividade humana) pode melhorar a fotossíntese — um fenômeno chamado fertilização por CO_2.

Resumo

A fotossíntese é vital para toda a vida na Terra, pois transforma a energia solar em energia química armazenada na glicose, ao mesmo tempo em que produz o oxigênio que respiramos. Compreendendo as reações dependentes da luz, o Ciclo de Calvin e a fixação de carbono, entendemos como as plantas e organismos fotossintéticos sustentam a biosfera.

20. Citoesqueleto

O citoesqueleto é uma rede dinâmica de filamentos proteicos que fornece suporte estrutural, forma e organização para as células. Ele age como a estrutura de um edifício, mantendo tudo no lugar enquanto também possibilita movimentos celulares essenciais e processos de transporte. O citoesqueleto é vital na divisão celular, no transporte intracelular e até mesmo na sinalização celular.

20.1. Microtúbulos

Os microtúbulos são tubos ocos compostos por proteínas tubulina. Eles são os maiores filamentos do citoesqueleto e desempenham papéis chave em:

- Manutenção da forma celular
- Transporte intracelular (atuando como trilhos para proteínas motoras como cinesina e dineína)
- Separação dos cromossomos durante a divisão celular
- Posicionamento de organelas

Os microtúbulos são altamente dinâmicos, constantemente se montando e desmontando em resposta às necessidades celulares — um processo conhecido como instabilidade dinâmica.

20.2. Filamentos Intermediários

Os filamentos intermediários são proteínas fibrosas que formam fibras semelhantes a cordas, conferindo força mecânica às células. Eles são menos dinâmicos do que os microtúbulos ou microfilamentos, mas são cruciais para manter a integridade do citoesqueleto.

Exemplos incluem:
- Queratina (em células epiteliais)
- Lamina (que suporta o envelope nuclear)

Os filamentos intermediários são essenciais para suportar o estresse mecânico, especialmente em tecidos como pele, músculos e nervos.

20.3. Microfilamentos

Os microfilamentos, também conhecidos como filamentos de actina, são os componentes mais finos do citoesqueleto. Compostos por proteínas de actina, eles são responsáveis por:

- Alterações na forma celular
- Movimento ameboide (deslocamento da célula)
- Citoquinesia (divisão do citoplasma durante a divisão celular)
- Transporte intracelular de pequenas organelas e vesículas

Os microfilamentos trabalham de perto com as proteínas motoras miosina para produzir movimento, especialmente nas células musculares.

20.4. Aparelho Mitótico

O aparelho mitótico é uma estrutura baseada em microtúbulos formada durante a divisão celular. Ele é responsável por:

- Alinhar os cromossomos no equador da célula durante a metáfase
- Separar as cromátides-irmãs durante a anáfase

O fuso origina-se dos centrômeros nas células animais, que atuam como centros organizadores de microtúbulos (MTOCs).

20.5. Funções do Citoesqueleto

O citoesqueleto desempenha funções multifuncionais, incluindo:

- Manutenção da forma celular e organização interna
- Facilitação do transporte intracelular de organelas, vesículas e moléculas
- Permitir migração celular, divisão e sinalização intracelular

- Fornecer resistência mecânica à deformação
- Conectar as células às estruturas externas através da matriz extracelular (MEC)

20.6. Estrutura do Citoesqueleto

O citoesqueleto é uma rede altamente organizada, mas flexível, que está constantemente remodelando-se para atender às necessidades da célula. Os três principais componentes — microtúbulos, filamentos intermediários e microfilamentos — trabalham juntos de maneira coordenada, frequentemente interagindo com proteínas motoras, membranas celulares e outras estruturas celulares.

20.7. Importância na Pesquisa e na Medicina

O citoesqueleto é um foco crítico de pesquisa biomédica porque desempenha um papel chave em:

- Metástase do câncer (como as células cancerígenas se movem)
- Doenças neurodegenerativas (proteínas citoesqueléticas defeituosas podem prejudicar o transporte neuronal)
- Infeção por patógenos (alguns vírus e bactérias sequestram o citoesqueleto para invadir as células)
- Desenvolvimento de medicamentos (certos medicamentos de quimioterapia, como taxanos, visam os microtúbulos para interromper a divisão das células cancerígenas)

Pesquisas contínuas continuam a descobrir novos papéis do citoesqueleto na biologia das células-tronco, regeneração de tecidos e envelhecimento celular.

21. Como as Células se Movem

As células não são entidades estáticas — elas se movem, mudam de forma e migram em resposta ao seu ambiente. O movimento celular é essencial para processos como cicatrização de feridas, resposta imunológica, desenvolvimento e até metástase do câncer. As células conseguem se mover por meio de uma interação altamente coordenada entre seu citoesqueleto, a membrana celular e a matriz extracelular (MEC).

21.1. Adesões Focais

As adesões focais são locais especializados onde as células se fixam à matriz extracelular. Esses pontos de adesão funcionam como pontos de ancoragem, permitindo que a célula se empurre ou puxe para frente.

Elas são compostas por:
- Proteínas integrinas que atravessam a membrana plasmática
- Proteínas do citoesqueleto (como actina e talina) que se conectam ao citoesqueleto interno
- Moléculas de sinalização que regulam a adesão e desintegração

A montagem e desmontagem dinâmicas das adesões focais permitem que as células rastejem pelas superfícies.

21.2. Lamelipódios

Os lamelipódios são projeções em forma de lâmina formadas na borda frontal de uma célula migrante. Eles são ricos em filamentos de actina, que se polimerizam rapidamente para empurrar a membrana plasmática para fora.

A formação de lamelipódios ajuda as células a:
- Explorar seu ambiente

• Estender sua borda frontal
• Agarrar-se à MEC por meio de adesões focais

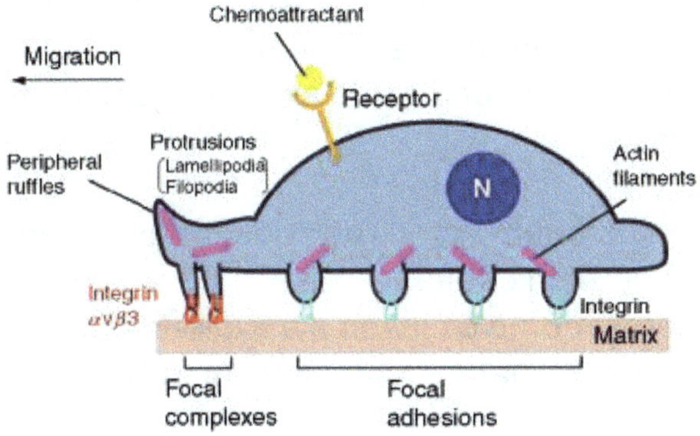

Figura 21.1: Uma célula migrante com lamelipódios visíveis. Fonte: https://www.sciencedirect.com/topics/immunology-and-microbiology/cell-migration

21.3. Filamentos de Actina no Movimento Celular

Os filamentos de actina desempenham um papel central no movimento celular. Eles formam redes ramificadas que empurram a membrana celular para fora nos lamelipódios, enquanto feixes contráteis de actina na parte traseira da célula ajudam a retrair a borda posterior.

Processos-chave envolvendo actina:
• Polimerização na frente da célula
• Cruzamento para formar uma malha tipo gel
• Proteínas motoras de miosina contraindo feixes de actina para puxar o corpo celular para frente

Os filamentos de actina também interagem com os microtúbulos para guiar o movimento direcional.

21.4. Coordenação do Transporte Celular e do Movimento

Enquanto os elementos do citoesqueleto dirigem o aspecto mecânico do movimento, o transporte intracelular garante o posicionamento adequado de organelas, vesículas e moléculas de sinalização necessárias para o movimento direcionado.

- Os microtúbulos funcionam como rodovias, transportando moléculas de sinalização para a frente da célula.
- As proteínas motoras, como a cinesina e a dineína, transportam vesículas ao longo dos microtúbulos para apoiar o movimento e a adesão.

Essa interação entre o transporte e a dinâmica do citoesqueleto garante um movimento coordenado e direcionado.

21.5. Velocidade do Movimento Celular

Diferentes tipos de células se movem a velocidades diferentes, dependendo de sua função e ambiente:

- Fibroblastos (na cicatrização de feridas) se movem a cerca de 1-2 micrômetros por minuto.
- Neutrófilos (células do sistema imunológico) podem se mover até 20 micrômetros por minuto.
- Células cancerígenas que metastatizam podem variar significativamente, dependendo da rigidez do tecido e do sinal molecular.

Fatores que afetam a velocidade:

- Força de adesão à superfície
- Disponibilidade de pontos de adesão da MEC
- Taxa de polimerização da actina
- Sinais químicos externos (quimiotaxia)

As células buscam um equilíbrio entre velocidade e estabilidade — muita adesão retarda o movimento, enquanto pouca adesão impede a tração adequada.

Tabela 21.1: Velocidades Comparativas de Diferentes Tipos Celulares na Migração

Tipo de Célula	Velocidade Média (micrômetros por minuto)	Notas
Fibroblastos	1 - 2	Importantes na cicatrização de feridas e reparo tecidual; migração lenta e constante.
Neutrófilos	10 - 20	Células imunológicas de movimento rápido que perseguem patógenos durante infecções.
Células Epiteliais	~0,5 - 1	Normalmente parte de folhas epiteliais; movem-se lentamente durante o fechamento de feridas.
Células Endoteliais	~1 - 2	Revestem vasos sanguíneos; migram durante a angiogênese.
Células-Tronco Mesenquimais	2 - 5	Movem-se durante o desenvolvimento e o reparo tecidual.

Células Cancerígenas (Metastáticas)	Variável (0,1 - 10+)	A velocidade depende muito do tipo de tecido, rigidez e sinalização local.
Queratinócitos	1 - 3	Células da pele que migram durante a cicatrização de feridas.
Amebas (Dictyostelium)	5 - 10	Organismo modelo para estudo do movimento celular.

Resumo

A capacidade das células de se mover é crucial para o desenvolvimento, a vigilância imunológica, o reparo tecidual e até mesmo a progressão de doenças. Esse movimento é orquestrado pelo citoesqueleto, pelas proteínas de adesão e pelas vias de sinalização intracelular, todos trabalhando juntos para permitir que as células respondam ao ambiente e desempenhem suas funções biológicas.

22. Digestão Celular

O processo pelo qual as células degradam macromoléculas, reciclam componentes celulares e gerenciam a eliminação de resíduos é conhecido coletivamente como digestão celular. Esse processo é essencial para manter a homeostase celular, apoiar a geração de energia e garantir a remoção de produtos de resíduos potencialmente prejudiciais. A digestão celular ocorre em organelas especialmente adaptadas para esse propósito, particularmente os lisossomos e os vacúolos.

22.1. Digestão Intracelular

A digestão intracelular refere-se à degradação de materiais dentro da célula. Geralmente ocorre nas seguintes etapas:

1. **Endocitose:** A célula engole partículas externas (como nutrientes ou patógenos) por meio da formação de uma vesícula.
2. **Fusão com Lisossomo:** A vesícula se funde com um lisossomo, uma organela especializada repleta de enzimas digestivas.
3. **Degradação Enzimática:** As enzimas dentro do lisossomo degradam proteínas, lipídios, carboidratos e ácidos nucleicos em moléculas menores que podem ser reutilizadas pela célula.
4. **Reciclagem de Nutrientes:** Os produtos digeridos são transportados para o citoplasma para uso celular.
5. **Eliminação de Resíduos:** Materiais indigestíveis ou prejudiciais são embalados em vesículas exocíticas e expelidos da célula.

O processo também pode ocorrer para componentes celulares internos por meio da autofagia, onde a célula digere suas próprias organelas desgastadas para reciclar materiais e manter a saúde celular.

22.2. Funções das Enzimas Digestivas

As enzimas digestivas desempenham um papel fundamental na digestão intracelular. Essas enzimas pertencem a várias famílias:

Tabela 22.1: Tipos de Enzimas Digestivas e Suas Funções na Digestão Intracelular

Tipo de Enzima	Substratos	Função
Proteases	Proteínas	Quebram proteínas em aminoácidos
Lipases	Lipídios	Decompõem gorduras em ácidos graxos e glicerol
Nucleases	DNA, RNA	Degradam ácidos nucleicos em nucleotídeos
Carboidrases	Carboidratos	Quebram polissacarídeos em açúcares

Essas enzimas operam de forma otimizada no ambiente ácido do lisossomo, garantindo que a digestão seja compartimentalizada e não prejudique o restante da célula.

Tabela 22.2: Tipos de Enzimas Digestivas e Seus Substratos

Enzima Digestiva	Substrato	Função Primária
Proteases (Peptidases)	Proteínas	Quebram proteínas em peptídeos menores e aminoácidos
Amilases	Amido (Carboidratos)	Quebram o amido em maltose e açúcares simples

Lipases	Gorduras (Lipídios)	Quebram triglicerídeos em glicerol e ácidos graxos livres
Nucleases	DNA, RNA (Ácidos Nucleicos)	Quebram DNA e RNA em nucleotídeos
Fosfatases	Moléculas contendo fosfato	Removem grupos fosfato das moléculas
Lisozimas	Paredes celulares bacterianas	Quebram as paredes de peptidoglicano das bactérias

22.3 Patogênese de Doenças Causadas pela Digestão Celular

Desregulações na digestão celular podem resultar em doenças graves. Essas condições estão frequentemente ligadas a distúrbios de armazenamento lisossomal, nos quais o lisossomo é incapaz de degradar certas substâncias, levando ao seu acúmulo e, eventualmente, ao dano celular. Alguns exemplos incluem:

- **Doença de Gaucher:** Causada por deficiência de glucocerebrosidase, resultando no acúmulo de substâncias gordurosas nas células, especialmente no fígado, baço e medula óssea.
- **Doença de Tay-Sachs:** Decorre da falta de hexosaminidase A, que provoca o acúmulo tóxico de gangliosídeos nos neurônios, levando à neurodegeneração.

- **Doença de Pompe:** Devido a defeitos na alfa-glicosidase ácida, resultando no acúmulo de glicogênio nas células musculares.

Essas doenças ilustram a importância crucial da função adequada dos lisossomos para a sobrevivência e a saúde celular.

Resumo do Capítulo

- A digestão celular é essencial para a reciclagem de nutrientes e a eliminação de resíduos.
- A digestão intracelular ocorre dentro dos lisossomos, com o auxílio de enzimas especializadas.
- Desregulações na digestão levam a doenças de armazenamento lisossomal, algumas com graves consequências clínicas.

23. O que é Material Genético?

A vida depende do armazenamento, transmissão e expressão do material genético — a informação biológica que determina a estrutura, função e comportamento de todo organismo vivo. Compreender a natureza e os componentes do material genético nos ajuda a entender como os traços são herdados, como a evolução ocorre e como as doenças se desenvolvem. Este capítulo explora as moléculas e estruturas que compõem o material genético e como elas contribuem para o fluxo de informação genética nas células.

23.1. DNA – O Projeto da Vida

O DNA (Ácido Desoxirribonucleico) é o principal portador de informações genéticas na maioria dos organismos vivos. Ele contém as instruções necessárias para o desenvolvimento, funcionamento e reprodução de todas as células.

Características principais do DNA:

- Estrutura de dupla hélice com duas fitas orientadas em direções opostas.
- Composto por nucleotídeos, cada um contendo um açúcar (desoxirribose), um grupo fosfato e uma base nitrogenada (Adenina, Timina, Citosina ou Guanina).
- Regras de pareamento de bases: Adenina emparelha com Timina, Citosina emparelha com Guanina.
- Codifica informações por meio da sequência de bases, que funciona como um código biológico.

Funções do DNA:

- Armazenar informações genéticas.
- Direcionar a síntese de proteínas por meio de um processo intermediário chamado transcrição.

- Garantir a replicação precisa durante a divisão celular.
- Permitir mudanças evolutivas através de mutações.

23.2. RNA – O Mensageiro e Mais

O RNA (Ácido Ribonucleico) é outro ácido nucleico vital que desempenha múltiplas funções nas células. Ao contrário do DNA, o RNA é geralmente de fita simples e contém açúcar ribose e Uracila (U) em vez de Timina.

Tipos de RNA:

- **mRNA (RNA Mensageiro)** – Transporta instruções genéticas do DNA para o ribossomo para síntese de proteínas.
- **tRNA (RNA de Transferência)** – Leva os aminoácidos apropriados ao ribossomo durante a tradução.
- **rRNA (RNA Ribossômico)** – Componente estrutural e funcional do ribossomo.

Funções do RNA:

- Converter instruções genéticas em proteínas.
- Em alguns vírus (como retrovírus), o RNA atua como material genético primário.
- Desempenha funções regulatórias, como na interferência por RNA (RNAi).

23.3. Genes – Unidades da Hereditariedade

Um gene é um segmento específico do DNA que contém as instruções para construir uma proteína ou molécula de RNA funcional.

Características principais dos genes:

- Cada gene possui uma região promotora, região codificadora e sequências regulatórias.

- O código genético (códons de trinca) determina a sequência de aminoácidos em uma proteína.
- Os genes podem sofrer mutações, resultando em alterações na estrutura e função da proteína.
- Os genes estão organizados em cromossomos.

Funções dos Genes:

- Carregar instruções para características.
- Permitir que as células respondam a mudanças ambientais.
- Regular o desenvolvimento e os processos celulares.

23.4. Cromossomos – Pacotes de Informação Genética

Os cromossomos são estruturas altamente organizadas que contêm longas cadeias de DNA enroladas em torno de proteínas histonas. Cada organismo possui um número característico de cromossomos.

Tipos de Cromossomos:

- **Cromossomo Procariótico** – Uma única molécula circular de DNA.
- **Cromossomos Eucarióticos** – Moléculas lineares de DNA localizadas no núcleo, geralmente ocorrendo em pares.

Funções dos Cromossomos:

- Garantir a replicação precisa do DNA e sua distribuição durante a divisão celular.
- Proteger o material genético contra danos.
- Facilitar a regulação gênica controlando o acesso ao DNA.

23.5. DNA Não Codificante – Mais do que Lixo

Embora os genes sejam essenciais, uma parte significativa do genoma não codifica proteínas. Esse DNA não codificante desempenha funções regulatórias, estruturais e evolutivas.

Funções do DNA Não Codificante:

- Contém sequências regulatórias (realçadores, silenciadores) que controlam a expressão gênica.
- Fornece locais para a ligação de proteínas envolvidas na estrutura e função dos cromossomos.
- Pode servir como material bruto para a evolução de novos genes.
- Algumas regiões não codificantes contêm elementos transponíveis, que podem se mover no genoma, afetando a diversidade genética.

A **Figura 23.1** mostra as diferenças importantes entre DNA e RNA.

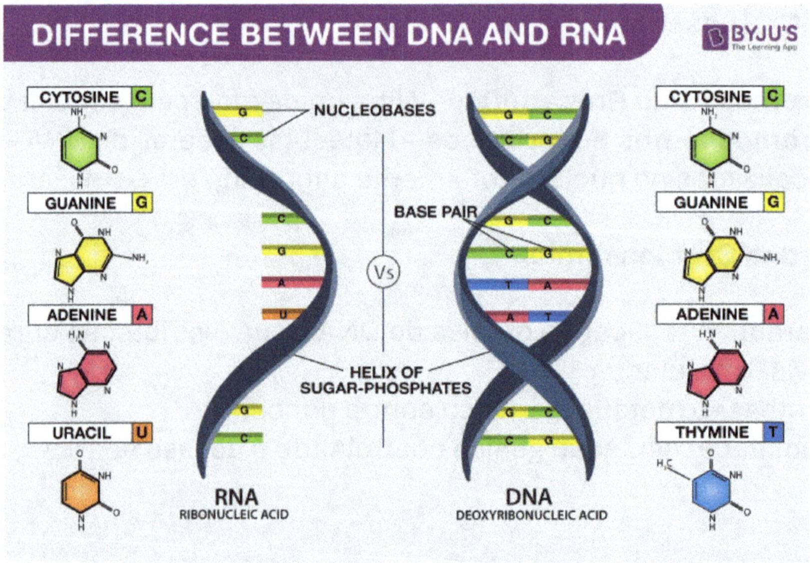

Figura 23.1: Diferenças importantes entre DNA e RNA. Fonte: https://byjus.com/biology/difference-between-dna-and-rna/

Tabela 23.1: Estrutura do DNA e RNA com Pareamento de Bases e Componentes de Nucleotídeos

Característica	DNA	RNA
Tipo de Fita	Hélice dupla	Fita simples
Açúcar	Desoxirribose	Ribose
Bases	Adenina (A), Timina (T), Citosina (C), Guanina (G)	Adenina (A), Uracila (U), Citosina (C), Guanina (G)
Pareamento de Bases	A-T, C-G	A-U, C-G
Estrutura Geral	Hélice dupla com pareamento de bases complementares	Fita simples dobrada em várias formas
Localização	Núcleo (Eucariontes), Citoplasma (Procariontes)	Citoplasma (todas as células)
Função	Armazenamento de informações genéticas	Síntese de proteínas e funções regulatórias

24. A Replicação do DNA

O processo pelo qual o DNA se copia é conhecido como replicação do DNA — uma etapa vital no ciclo de vida de uma célula, garantindo que cada nova célula receba uma cópia precisa do material genético. Sem uma replicação fiel do DNA, as células não herdariam as instruções corretas necessárias para a sobrevivência e função. Este processo segue o princípio do pareamento de bases complementares, permitindo que a sequência da fita original de DNA guie a formação de sua cópia exata.

24.1. Pareamento de Bases

O pareamento de bases é fundamental para o processo de replicação. As duas fitas da hélice dupla de DNA são mantidas juntas por ligações de hidrogênio entre bases nucleotídicas complementares. Durante a replicação, essas fitas se separam e cada uma atua como um molde para a construção de uma nova fita complementar.

As regras de pareamento de bases orientam esse processo:

- Adenina (A) se emparelha com Timina (T)
- Citosina (C) se emparelha com Guanina (G)

Esse pareamento complementar garante que cada nova fita de DNA seja uma réplica exata da original.

24.2. Replicação Linear

Nas células eucarióticas, a replicação do DNA ocorre ao longo de cromossomos lineares. Esse processo começa em várias origens de replicação ao longo do cromossomo para acelerar a cópia.

Etapas da Replicação Linear:

1. **Desenrolamento:** A helicase do DNA separa as duas fitas, quebrando as ligações de hidrogênio.
2. **Iniciação:** Um primer de RNA é adicionado pela primase, que atua como ponto de partida para a síntese.
3. **Alongamento:** A DNA polimerase adiciona nucleotídeos complementares às bases expostas, formando a nova fita.
4. **Fita Líder vs. Fita Retardada:**
    - A fita líder é sintetizada continuamente.
    - A fita retardada é sintetizada em pequenos fragmentos chamados fragmentos de Okazaki, que são posteriormente unidos.
5. **Revisão:** A DNA polimerase verifica erros e corrige incompatibilidades.
6. **Conclusão:** As novas fitas são seladas pela DNA ligase, completando duas moléculas idênticas de DNA.

24.3. Autorreplicação

A notável capacidade do DNA de se copiar com precisão decorre de sua natureza autorreplicante. Isso significa que cada fita serve como molde, orientando a formação de uma nova fita complementar. Isso é conhecido como replicação semiconservativa, significando que cada molécula de DNA filha contém uma fita antiga (molde) e uma fita recém-sintetizada.

Essa propriedade autorreplicante garante:

- A transmissão fiel das informações genéticas de célula para célula durante a divisão celular.
- A passagem da informação genética dos pais para os descendentes, garantindo a continuidade da vida.

Conceito Chave:

A estrutura do DNA — especificamente, o pareamento de bases complementares e as fitas antiparalelas — é a característica fundamental que permite a autorreplicação com erro mínimo.

Principais Pontos:

- A replicação do DNA garante que as células herdem cópias precisas do material genético.
- O pareamento de bases complementares é a base do processo de replicação.
- A replicação linear ocorre ao longo dos cromossomos em células eucarióticas, com fitas líder e retardada.
- A autorreplicação permite que o DNA atue tanto como portador da informação genética quanto como molde para sua própria duplicação.

25. O Que é a Reprodução Celular?

A reprodução celular é o processo biológico pelo qual as células criam novas células, garantindo a continuidade da vida e o crescimento e manutenção adequados dos organismos. Ela desempenha um papel crucial em tudo, desde o desenvolvimento e a cicatrização até a reprodução e a evolução. Todos os organismos vivos — desde bactérias unicelulares até espécies multicelulares complexas — dependem desse processo para manter a vida e transmitir informações genéticas para as gerações futuras.

25.1. Etapas Básicas da Reprodução Celular

A reprodução celular geralmente segue uma sequência de eventos que garante que cada célula filha receba um conjunto completo de instruções genéticas e componentes celulares suficientes para funcionar. As etapas principais incluem:

1. **Replicação do DNA:** Antes de uma célula se dividir, ela deve copiar todo o seu genoma para que cada célula filha tenha um conjunto completo de instruções genéticas.
2. **Duplicação de Organelas:** Nas células eucarióticas, organelas essenciais (como mitocôndrias) também se replicam para fornecer a cada célula filha a maquinaria necessária.
3. **Segregação do Material Genético:** Os cromossomos duplicados são classificados e distribuídos para as novas células.
4. **Divisão do Citoplasma:** O citoplasma da célula é dividido entre as duas novas células.
5. **Formação da Membrana Celular:** Nas células animais, a membrana celular se contrai, formando duas células distintas. Nas plantas, uma placa celular se forma entre as duas células.

25.2. Divisão Celular

A divisão celular é o processo físico em que uma célula se divide em duas células filhas. Existem dois tipos principais:

- **Mitose:** Produz duas células filhas geneticamente idênticas. Isso ocorre em células somáticas para crescimento, reparo e manutenção.
- **Meiose:** Produz quatro células filhas geneticamente únicas com metade do material genético (haploide). Esse processo cria gametas (espermatozoides e óvulos) para a reprodução sexual.

Ambos os processos são rigorosamente controlados para evitar erros, como cópias genéticas incompletas ou crescimento descontrolado.

Característica	Mitose	Meiose
Propósito	Crescimento, reparo tecidual e reprodução assexuada	Formação de gametas para reprodução sexual
Localização	Ocorre em células somáticas (células do corpo)	Ocorre em células reprodutivas (células germinativas)
Número de Divisões	1 divisão celular	2 divisões celulares consecutivas
Número de Células Filhas	2 células filhas	4 células filhas
Composição Genética das Células Filhas	Geneticamente idênticas à célula parental	Geneticamente únicas, diferentes da célula parental e entre si
Número de Cromossomos nas Células Filhas	Diploide (igual ao parental)	Haploide (metade do número de cromossomos do parental)
Permutação (Crossing Over)	Não ocorre	Ocorre durante a Prófase I

Sorteio Independente	Não ocorre	Ocorre durante a Metáfase I
Função em Organismos Multicelulares	Crescimento, reparo, manutenção	Produção de gametas
Exemplo de Organismo	Divisão de células da pele	Formação de espermatozoides e óvulos

25.3. Meiose

A meiose é um tipo especializado de divisão celular que reduz pela metade o número de cromossomos, produzindo gametas (espermatozoides ou óvulos). Consiste em duas divisões consecutivas:

- **Meiose I:** Os cromossomos homólogos se emparelham e trocam material genético (crossing over), depois se segregam em células diferentes.
- **Meiose II:** As cromátides-irmãs se separam em células individuais, resultando em quatro células haploides geneticamente únicas.

Esse embaralhamento genético introduz variação, que é a base para a evolução.

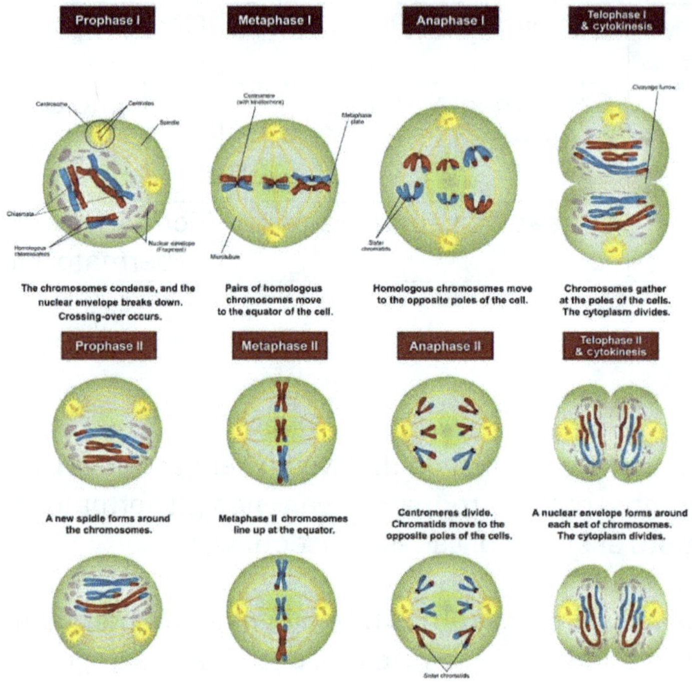

Figura 25.1: Estágios da meiose. Fonte: https://opengenetics.pressbooks.tru.ca/chapter/meiosis-i/

25.4. Citocinese

A citocinese é a etapa final da divisão celular, na qual o citoplasma se divide, criando duas células distintas. O método varia entre células animais e vegetais:

- **Células animais:** A membrana plasmática se contrai para dentro, dividindo o citoplasma (um processo chamado sulco de clivagem).
- **Células vegetais:** Uma placa celular se forma entre as células filhas, eventualmente tornando-se uma nova parede celular.

A citocinese garante que cada célula filha receba uma quantidade igual de citoplasma e organelas.

25.5. Formação de Gametas

Em organismos que se reproduzem sexualmente, os gametas (espermatozoides e óvulos) são formados por meio da meiose. Essas células contêm metade do número de cromossomos (haploides), então, quando se fundem durante a fertilização, o número diploide é restaurado.

Principais características da formação de gametas:

- **Espermatogênese:** Formação de espermatozoides em machos.
- **Oogênese:** Formação de óvulos em fêmeas.
- O processo permite diversidade genética por meio do sorteio independente e do crossing over.

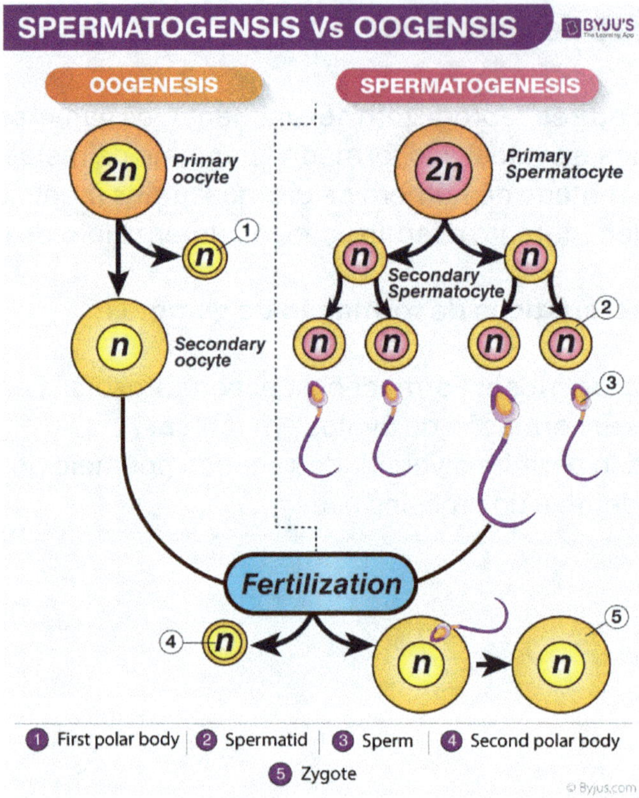

Figura 25.2: Diferença entre espermatogênese e oogênese. Fonte: BYJU'S - Diferença entre espermatogênese e oogênese

25.6. Replicação Química

Além da divisão física, a replicação química é o processo biológico central no qual ácidos nucleicos, proteínas e outras biomoléculas são sintetizados para garantir que as novas células possam funcionar. Essa replicação é orientada pelo código genético armazenado no DNA, que é transcrito em RNA e, posteriormente, traduzido em proteínas — os elementos ativos da célula.

25.7. Estudo de Caso: Leucemia

A reprodução celular descontrolada pode levar a doenças como o câncer. Um exemplo notável é a leucemia, um tipo de câncer no sangue onde os glóbulos brancos proliferam de forma descontrolada. Isso perturba o equilíbrio normal das células sanguíneas, resultando em anemia, disfunção imunológica e infecções.

Pontos-chave no desenvolvimento da leucemia:

- Mutações em genes que controlam a regulação do ciclo celular.
- Falhas nos pontos de verificação, permitindo que células defeituosas continuem se dividindo.
- Falha na apoptose (morte celular programada), que normalmente elimina células danificadas.

Abordagens de Tratamento:

- **Quimioterapia:** Utiliza medicamentos para atacar células que se dividem rapidamente.
- **Transplante de Medula Óssea:** Substitui células sanguíneas defeituosas por células saudáveis de doadores.
- **Terapia Alvo:** Medicamentos que bloqueiam vias específicas relacionadas ao câncer.

Principais Conclusões:

- A reprodução celular é essencial para o crescimento, reparo e reprodução em organismos vivos.
- Processos como mitose e meiose garantem a distribuição adequada do material genético.
- A citocinese finaliza a separação física em duas células.
- Erros na regulação do ciclo celular podem levar a doenças como a leucemia.

26. O Que é Material Genético?

O material genético de uma célula contém as instruções para a vida. Ele direciona como os organismos se desenvolvem, crescem, funcionam e se reproduzem. Em todos os organismos vivos conhecidos, esse material genético é composto por DNA (ácido desoxirribonucleico) ou RNA (ácido ribonucleico), dependendo do organismo. O material genético é passado de uma geração para a outra, garantindo que as espécies mantenham a continuidade enquanto permitem a variação genética que impulsiona a evolução.

26.1. DNA – O Projeto da Vida

O DNA é o principal material genético na maioria dos organismos vivos, desde bactérias até humanos. Ele consiste em duas fitas torcidas em uma dupla hélice. Cada fita é composta por uma sequência de nucleotídeos, que são os blocos de construção do DNA. Cada nucleotídeo contém:

- Um açúcar (desoxirribose)
- Um grupo fosfato
- Uma base nitrogenada (adenina, timina, citosina ou guanina)
  A sequência dessas bases forma os genes, que são as unidades funcionais da hereditariedade.

26.2. RNA – O Mensageiro e Muito Mais

O RNA desempenha vários papéis nas células, atuando como mensageiro, catalisador e até regulador da expressão gênica. Diferentemente do DNA, o RNA:

- Geralmente é fita simples.
- Contém o açúcar ribose em vez de desoxirribose.
- Utiliza uracila (U) em vez de timina (T).

Os principais tipos de RNA incluem:

- **mRNA (RNA mensageiro):** Transporta informações genéticas do DNA para o ribossomo para a síntese de proteínas.
- **tRNA (RNA transportador):** Ajuda a incorporar aminoácidos nas proteínas.
- **rRNA (RNA ribossômico):** Componente estrutural dos ribossomos.

26.3. Genes – Instruções para Construir a Vida

Os genes são sequências de nucleotídeos de DNA que codificam proteínas específicas ou moléculas de RNA funcional. Nos humanos, os genes compõem apenas uma pequena parte do genoma, mas são responsáveis por praticamente todos os processos biológicos.

- Cada gene contém regiões codificantes (éxons) e regiões não codificantes (íntrons).
- Os genes são regulados por promotores, intensificadores e silenciadores, que determinam quando e quanto um gene é expresso.

O conjunto completo de genes em um organismo é chamado de genoma.

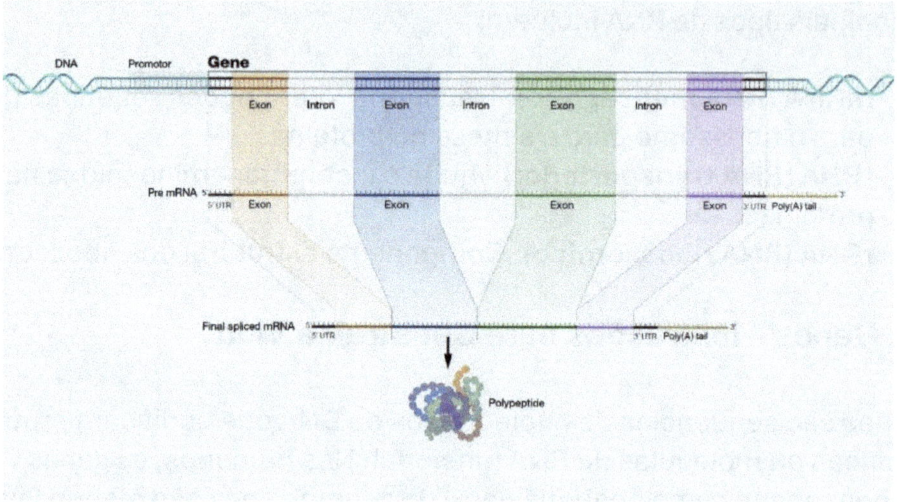

Figura 26.1: Estrutura de um gene mostrando éxons, íntrons e regiões reguladoras. Fonte: *https://www.genome.gov/genetics-glossary/Gene*

26.4. Cromossomos – DNA Empacotado

Nas células eucarióticas, o DNA é organizado em cromossomos. Cada cromossomo contém uma longa molécula de DNA firmemente enrolada em torno de proteínas histonas. Essa estrutura permite:

- Armazenamento eficiente do material genético.
- Segregação adequada do DNA durante a divisão celular.
- Regulação da expressão gênica por meio de alterações na estrutura da cromatina.

Os seres humanos possuem 46 cromossomos (23 pares), incluindo 22 pares de autossomos e um par de cromossomos sexuais.

Cariótipo

Um cariótipo é um perfil visual completo dos cromossomos de um indivíduo, normalmente exibido como um arranjo ordenado de pares cromossômicos, do maior para o menor, juntamente com os cromossomos sexuais. Essa imagem organizada é obtida pela coloração e fotografia dos cromossomos durante a divisão celular, geralmente na metáfase, quando estão mais condensados e visíveis.

A cariotipagem é uma ferramenta valiosa na genética e na medicina diagnóstica, pois permite a cientistas e médicos detectar anomalias cromossômicas, como cromossomos extras (como na síndrome de Down, que resulta de uma cópia extra do cromossomo 21), cromossomos ausentes ou alterações estruturais, como deleções, duplicações ou translocações.

Um cariótipo humano típico (veja a Figura 26.2) inclui 46 cromossomos, organizados em 22 pares de autossomos e um par de cromossomos sexuais (XX para fêmeas, XY para machos).

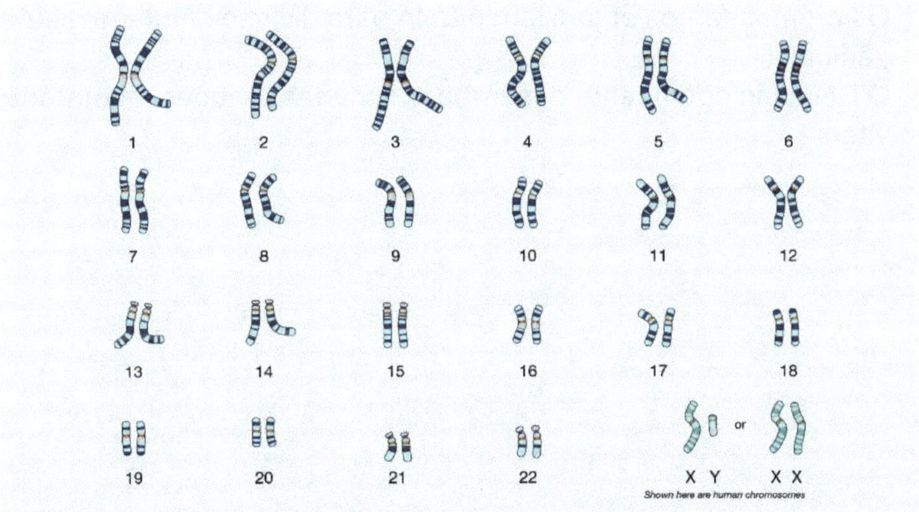

Figura 26.2: Cariótipo de cromossomos humanos. Fonte: https://www.genome.gov/genetics-glossary/Karyotype

26.5. DNA Não Codificante – Mais do Que Apenas Lixo

Embora apenas cerca de 1-2% do genoma humano codifique proteínas, o restante consiste em DNA não codificante. Por décadas, os cientistas consideraram esse DNA como “DNA lixo”, mas agora sabemos que ele desempenha papéis cruciais em:

- Regular a expressão gênica.
- Controlar a estrutura dos cromossomos.
- Hospedar sequências como transposons e elementos repetitivos.

Alguns DNAs não codificantes atuam como suporte para a organização cromossômica, enquanto outras partes codificam moléculas de RNA regulatórias.

Resumo do Capítulo

- O DNA e o RNA são os principais materiais genéticos nas células.
- Os genes codificam proteínas e RNAs funcionais.
- Os cromossomos organizam o DNA para divisão celular e regulação gênica.
- O DNA não codificante desempenha muitas funções regulatórias vitais.

27. A Replicação do DNA

A replicação do DNA é um dos processos mais fundamentais e essenciais em todos os organismos vivos. É o mecanismo pelo qual uma célula copia seu material genético para garantir que cada nova célula filha receba uma cópia completa e precisa do DNA após a divisão celular. Esse processo ocorre antes de a célula se dividir, seja durante a mitose ou meiose, e é rigorosamente regulado para evitar erros que possam levar a mutações ou doenças.

27.1. Emparelhamento de Bases

No centro da replicação do DNA está o princípio do emparelhamento complementar de bases. No DNA de fita dupla, a adenina (A) se emparelha com a timina (T), e a citosina (C) se emparelha com a guanina (G). Quando o DNA se desenrola durante a replicação, cada fita serve como molde para a formação de uma nova fita complementar. Isso garante que as novas moléculas de DNA sejam idênticas ao original. As ligações de hidrogênio entre as bases complementares permitem que as fitas sejam facilmente separadas e reunidas durante o processo de replicação.

27.2. Replicação Linear

Nas células eucarióticas, a replicação do DNA ocorre ao longo de cromossomos lineares dentro do núcleo. O processo de replicação começa em várias origens de replicação, onde a dupla hélice se abre formando uma bolha de replicação. As forquilhas de replicação se formam em cada extremidade da bolha, onde enzimas especializadas, como a helicase do DNA, desenrolam as fitas de DNA.

À medida que as forquilhas progridem, a DNA polimerase sintetiza novas fitas complementares, adicionando nucleotídeos que correspondem à fita molde. Como a DNA polimerase só pode adicionar nucleotídeos na direção 5' para 3', a replicação ocorre continuamente na fita líder, mas de forma descontínua na fita retardada, formando fragmentos de Okazaki que são posteriormente unidos pela DNA ligase.

27.3. Autorreplicação

Uma das propriedades mais notáveis do DNA é sua capacidade de se autorreplicar com alta fidelidade. Cada fita da dupla hélice contém todas as informações necessárias para construir uma fita complementar, tornando o DNA semiconservativo — o que significa que cada nova molécula de DNA sintetizada consiste em uma fita antiga (molde) e uma fita nova. Essa característica garante que a informação genética seja transmitida com precisão de uma geração celular para a próxima.

A precisão da replicação do DNA é ainda apoiada por enzimas de revisão, que detectam e corrigem a maioria dos erros introduzidos durante a adição de nucleotídeos. Apesar disso, erros ocasionais, conhecidos como mutações, podem surgir e contribuir para a variação genética — um importante motor da evolução. Esse processo altamente coordenado de replicação do DNA é vital para a sobrevivência, crescimento e reprodução de todas as células vivas, garantindo a transmissão fiel da informação genética de uma geração celular para a próxima.

28. O Que é Reprodução Celular?

A reprodução celular é o processo pelo qual as células geram novas células, permitindo que os organismos cresçam, reparem tecidos danificados e se reproduzam. Em sua essência, a reprodução celular garante que o material genético seja copiado fielmente e transmitido das células parentais para as células filhas. Esse processo é fundamental para a sobrevivência de organismos unicelulares e multicelulares. Dependendo do organismo e da finalidade da reprodução, as células podem se dividir por mitose (para crescimento e reparo) ou meiose (para produzir gametas usados na reprodução sexual).

28.1. Etapas Básicas da Reprodução Celular

A reprodução celular geralmente segue uma série de etapas, incluindo:

1. Replicação do DNA, garantindo que cada célula filha receba uma cópia completa do material genético.
2. Duplicação de organelas, onde estruturas como mitocôndrias e centrossomos são copiadas.
3. Divisão celular, dividindo a célula parental em duas ou mais células filhas.
4. Citocinese, na qual o citoplasma é dividido entre as células filhas.
5. Diferenciação celular (em organismos multicelulares), garantindo funções especializadas.

28.2. Divisão Celular

A divisão celular é o evento central da reprodução celular. Ela ocorre em duas formas principais:

• **Mitose**, onde uma célula parental se divide para produzir duas células filhas geneticamente idênticas, usadas para crescimento, reparo e reprodução assexuada.

• **Meiose**, onde uma célula parental se divide para produzir quatro gametas geneticamente distintos, cada um com metade do material genético da célula parental. Isso é essencial para a reprodução sexual.

28.3. Citocinese

A citocinese é a fase final da divisão celular, onde o citoplasma e a membrana celular se dividem, separando fisicamente as células filhas. Nas células animais, um anel contrátil de filamentos de actina pinça a célula em duas. Nas células vegetais, uma placa celular se forma entre as células filhas, eventualmente tornando-se a nova parede celular.

28.4. Formação de Gametas

Os gametas — células espermáticas e óvulos — são formados por meiose. Essas células especializadas são haploides, o que significa que carregam apenas um conjunto de cromossomos. Quando gametas de dois progenitores se fundem durante a fertilização, eles restauram o número diploide de cromossomos no zigoto resultante, combinando material genético de ambos os pais.

28.5. Replicação Química

Além dos mecanismos celulares, a replicação química refere-se aos processos moleculares pelos quais o DNA é copiado, incluindo emparelhamento de bases, polimerização e correção de erros. Essa precisão química é fundamental para manter a estabilidade genética ao longo das gerações.

28.6. Estudo de Caso: Leucemia

Um exemplo claro de reprodução celular desregulada é a leucemia, um tipo de câncer que afeta tecidos formadores de sangue, como a medula óssea. Na leucemia, os mecanismos normais que controlam a divisão celular falham, causando a proliferação descontrolada de leucócitos anormais. Essas células defeituosas não funcionam adequadamente e sobrecarregam as células saudáveis, comprometendo o sistema imunológico e prejudicando a função sanguínea normal.

Principais aprendizados da pesquisa sobre leucemia:

- Mutações em genes que controlam os pontos de verificação do ciclo celular podem desencadear a doença.
- Algumas formas de leucemia estão ligadas a translocações cromossômicas, onde segmentos de DNA se quebram e se reorganizam, ativando oncogenes.
- Tratamentos modernos, como terapias direcionadas e transplantes de medula óssea, focam em corrigir ou contornar esses erros celulares.

A reprodução celular, embora geralmente tranquila, é um processo altamente regulado e vital para a vida e a saúde. Estudá-la ajuda os pesquisadores a compreender o desenvolvimento, as doenças e a evolução de formas de vida complexas.

29. O Ciclo Celular e a Mitose

O ciclo celular é a série de eventos pelos quais uma célula cresce, replica seu DNA e se divide em duas células filhas. Esse processo cuidadosamente regulado garante a duplicação e distribuição precisas do material genético e dos componentes celulares. Cada estágio do ciclo celular desempenha um papel vital na manutenção da saúde e função do organismo, especialmente em formas de vida multicelulares.

29.1. Ciclo Celular

O ciclo celular é dividido em interfase (onde a célula cresce e se prepara para a divisão) e fase mitótica (onde a célula se divide fisicamente).

- **Fase G1** - A célula cresce e produz proteínas e organelas necessárias.
- **Fase S** - Ocorre a replicação do DNA, garantindo que duas cópias completas do material genético estejam presentes.
- **Fase G2** - Preparações finais para a mitose, incluindo mais crescimento e produção de proteínas específicas para a divisão.
- **Fase M** - A célula passa pela mitose, dividindo o núcleo, seguida pela citocinese, que divide o citoplasma em duas células.

29.2. Pontos de Verificação (Checkpoints)

Durante o ciclo celular, as células passam por vários pontos de verificação que garantem que todos os processos estejam ocorrendo corretamente. Esses checkpoints atuam como estações de controle de qualidade, avaliando a integridade do DNA e a prontidão da célula para se dividir.

- **Checkpoint G1** - Garante que a célula tenha tamanho suficiente e recursos adequados para prosseguir.
- **Checkpoint G2** - Confirma que a replicação do DNA está completa e precisa.

- **Checkpoint M (Checkpoint do Fuso)** - Garante que os cromossomos estejam adequadamente alinhados e conectados às fibras do fuso antes da divisão.
  Falhas nesses pontos de verificação podem levar ao câncer ou a outros distúrbios genéticos.

29.3. Reguladores Negativos

Os reguladores negativos são proteínas que desaceleram ou interrompem o ciclo celular se erros forem detectados. Alguns dos reguladores negativos mais importantes incluem:

- **p53**, que pode interromper o ciclo em resposta a danos no DNA e iniciar a apoptose (morte celular programada) se o dano for irreparável.
- **Rb (proteína do retinoblastoma)**, que impede as células de avançarem da fase G1 para a fase S sem sinais de crescimento adequados.
  Os reguladores negativos são essenciais para prevenir o câncer, pois ajudam a evitar a divisão celular descontrolada.

29.4. Telófase

A telófase é o estágio final da mitose, no qual os cromossomos que anteriormente se separaram para os polos opostos da célula começam a se descondensar. Durante a telófase:

- Novas envolturas nucleares se formam ao redor de cada conjunto de cromossomos.
- O aparato do fuso se desintegra.
- A célula se prepara para a citocinese, que dividirá o citoplasma em duas partes.
  A telófase garante que cada nova célula receba um núcleo completo.

29.5. Anáfase

A anáfase é uma fase crítica da mitose na qual as cromátides-irmãs (cópias idênticas de um cromossomo) são separadas e puxadas para os polos opostos da célula. Essa separação garante que cada célula filha receba um conjunto completo de cromossomos.

- As fibras do fuso encurtam, puxando as cromátides para longe.
- Esse movimento é impulsionado por proteínas motoras associadas ao aparelho do fuso.

A anáfase é uma das fases mais dinâmicas e visualmente marcantes da mitose.

O ciclo celular e a mitose são fundamentais para o crescimento, reparo e reprodução em todos os seres vivos. A orquestração perfeita desses processos garante a fidelidade genética, a formação adequada dos tecidos e a estabilidade a longo prazo dos organismos. Compreender esses processos ajuda os cientistas a combater o câncer, estudar células-tronco e explorar terapias médicas regenerativas potenciais.

30. Comunidades Celulares

As células raramente existem de forma isolada. Em organismos multicelulares e colônias microbianas, as células formam comunidades onde interagem, comunicam-se e colaboram para manter a homeostase, garantir a sobrevivência e responder às mudanças ambientais. Essas comunidades celulares são fundamentais para o funcionamento dos tecidos, órgãos e ecossistemas inteiros.

30.1. Como Funcionam as Comunidades Celulares?

As comunidades celulares operam por meio de comunicação coordenada, sinalização química e interações físicas. Nos tecidos, por exemplo, células epiteliais, musculares e nervosas trabalham juntas para formar unidades funcionais. Em biofilmes microbianos, as células secretam substâncias que formam matrizes protetoras e regulam comportamentos comunitários, incluindo taxas de crescimento e compartilhamento de nutrientes.
Em todos os casos, as comunidades celulares precisam:

- Compartilhar recursos.
- Responder a estímulos externos.
- Coordenar crescimento, divisão e tarefas especializadas.
- Proteger-se contra ameaças.

30.2. Bioluminescência

Algumas comunidades celulares, especialmente microrganismos marinhos como *Vibrio fischeri*, usam a bioluminescência como forma de comunicação. Essas bactérias emitem luz apenas quando atingem uma densidade populacional crítica, um processo chamado quorum sensing. A produção de luz pode ajudar a atrair hospedeiros, afastar predadores ou coordenar comportamentos em grupo.

30.3. Comunicação Entre Células

As células dentro de uma comunidade trocam constantemente sinais químicos para regular comportamentos e funções. Esses sinais podem:

- Acionar a divisão celular.
- Iniciar a diferenciação.
- Recrutar células vizinhas para reparo.
- Alertar outras células sobre estresse ou infecção.

Em organismos superiores, hormônios e neurotransmissores mediam a comunicação celular de longa distância, enquanto fatores de crescimento e citocinas coordenam respostas locais. Em bactérias, moléculas de quorum sensing regulam ações coletivas, como formação de biofilmes ou liberação de toxinas.

30.4. Interações Entre Subpopulações de Células

Em organismos multicelulares, diferentes tipos de células (subpopulações) precisam coordenar suas funções para formar tecidos e órgãos funcionais. Exemplos incluem:

- Células imunológicas trabalhando com células epiteliais para manter barreiras.
- Fibroblastos produzindo proteínas estruturais para apoiar outros tipos celulares.
- Neurônios comunicando-se com células gliais para garantir a função nervosa.
  Em comunidades microbianas, algumas espécies produzem enzimas para digerir alimentos, enquanto outras coletam nutrientes, resultando em uma divisão de trabalho.

30.5. Controle das Distâncias Intercelulares

Para manter o funcionamento adequado, as células precisam regular seu espaçamento dentro dos tecidos. Elas fazem isso:

- Produzindo moléculas de adesão que controlam o quão fortemente aderem aos vizinhos.
- Enviando sinais de repulsão para evitar superlotação.
- Liberando fatores de crescimento que regulam a densidade populacional.
  Esse espaçamento é especialmente crítico no desenvolvimento de tecidos, onde as células devem se organizar em estruturas precisas, como capilares, alvéolos e redes neurais.

30.6. Resposta a Mudanças Ambientais

As comunidades celulares precisam se adaptar às mudanças ambientais para sobreviver. Isso pode incluir:

- Ajustar a expressão gênica para responder ao estresse.
- Reorganizar-se em biofilmes protetores em condições adversas.
- Ativar respostas imunológicas contra infecções.
- Modificar estratégias de captação de nutrientes durante a escassez.
  Essas respostas dependem tanto da detecção individual das células quanto da sinalização comunitária, garantindo a sobrevivência tanto da célula individual quanto da comunidade como um todo.

As comunidades celulares, sejam simples ou complexas, representam um exemplo fascinante de como a vida se organiza em redes cooperativas. Desde biofilmes bacterianos até tecidos humanos, a capacidade das células de se comunicar, colaborar e responder a mudanças sustenta o sucesso de todos os sistemas vivos.

31. Dogma Central

O Dogma Central da biologia molecular descreve como a informação genética flui dentro de um sistema biológico. Proposto por Francis Crick em 1958, afirma que a informação genética passa do DNA para o RNA e, em seguida, para a proteína, mas não na ordem inversa (com poucas exceções, como os retrovírus). Essa estrutura forma a base para entender a expressão gênica e como os traços surgem a partir das instruções genéticas.

31.1. Transferência de Informação de Ácido Nucleico para Ácido Nucleico

A primeira etapa do Dogma Central envolve a transferência de informação genética de uma molécula de ácido nucleico para outra — especificamente, do DNA para o RNA, em um processo chamado transcrição.

- Durante a transcrição, a RNA polimerase lê a fita molde do DNA e sintetiza uma fita complementar de mRNA.
- Esse mRNA atua como mensageiro, carregando o código genético do núcleo para o citoplasma (em eucariotos), onde pode ser traduzido em proteína.
  Essa etapa garante a transferência fiel das instruções genéticas, permitindo que as células regulem a expressão gênica com base em sinais ambientais.

31.2. Irreversibilidade da Tradução

Um princípio fundamental do Dogma Central é que a tradução — o processo de converter uma sequência de mRNA em uma sequência proteica — é irreversível em condições biológicas normais.

- Uma vez que uma sequência de aminoácidos foi montada em uma proteína, não há mecanismo biológico para reverter o processo e reconstruir a sequência original de mRNA a partir da proteína.

- Essa irreversibilidade garante que a informação genética flua em uma direção única, preservando a integridade do código genético armazenado no DNA.
  Esse conceito destaca como as proteínas são os produtos funcionais finais do código genético, desempenhando tarefas ditadas pelos genes sem alimentar diretamente a informação de volta para o genoma.

31.3. Códons no Dogma Central

O sistema de códons é central para o Dogma Central, traduzindo sequências de nucleotídeos em aminoácidos durante a síntese proteica.

- Cada grupo de três nucleotídeos (um códon) corresponde a um aminoácido específico.
- Esse código triplo é universal na maioria dos organismos conhecidos, enfatizando seu papel fundamental na vida.
- Alguns códons atuam como sinais de início ou parada, definindo onde a tradução começa e termina.
  A existência de 64 códons, codificando 20 aminoácidos mais sinais de controle, garante que o código genético seja específico e redundante, proporcionando certa tolerância a mutações.

31.4. Mecanismos Fisicamente Viáveis para Realizar o Dogma Central

O Dogma Central não é apenas uma estrutura conceitual — ele é realizado por meio de mecanismos moleculares bem caracterizados. Esses processos são fisicamente viáveis porque dependem de:

- Regras de pareamento de bases (A emparelha com T/U, C emparelha com G) para garantir a cópia precisa dos ácidos nucleicos.
- Enzimas como RNA polimerase e ribossomos, que atuam como máquinas moleculares, realizando a síntese de RNA e proteínas.

- Estabilidade termodinâmica do DNA de fita dupla, que protege a informação genética enquanto permite a separação controlada para transcrição e replicação.
- Moléculas adaptadoras como tRNA, que conectam fisicamente os códons aos aminoácidos, garantindo a montagem correta da sequência durante a tradução.

  Esses mecanismos formam uma cadeia contínua, permitindo que a vida armazene, copie e expresse informações genéticas com notável fidelidade.

32. Como os Genes Produzem Proteínas

O processo de síntese proteica — como os genes produzem proteínas — é central para a expressão da informação genética. Esse processo, chamado expressão gênica, segue o Dogma Central abordado no capítulo anterior, indo do DNA para o RNA e, em seguida, para a proteína. Os genes contêm sequências codificadoras que fornecem as instruções para a construção de proteínas e regiões não codificadoras que regulam quando e quanto da proteína é produzida. Esse processo altamente regulado permite que as células respondam a mudanças no ambiente, se diferenciem em tipos especializados e evoluam ao longo do tempo.

32.1. Genes Não Codificantes ou de RNA

Nem todos os genes codificam proteínas. Alguns genes produzem moléculas de RNA funcionais, incluindo:

- **RNA de Transferência (tRNA)** — auxilia na tradução ao transportar aminoácidos para o ribossomo.
- **RNA Ribossômico (rRNA)** — forma os componentes estruturais e catalíticos centrais dos ribossomos.
- **MicroRNA (miRNA)** — regula a expressão gênica ao se ligar ao mRNA e bloquear a tradução.
  Esses RNAs não codificantes desempenham funções celulares essenciais, mesmo não sendo traduzidos em proteínas.

32.2. RNA de Transferência (tRNA)

O tRNA é uma pequena molécula de RNA que atua como adaptador durante a tradução.

- Cada tRNA possui um anticódon que se emparelha com um códon específico no mRNA.

- Na extremidade oposta, o tRNA carrega o aminoácido correspondente, garantindo que o aminoácido correto seja adicionado à cadeia polipeptídica em crescimento.
  O pareamento preciso do tRNA com os códons garante a montagem correta da proteína.

32.3. Códons

Códons são sequências de três nucleotídeos no mRNA que especificam aminoácidos individuais ou sinais regulatórios (códons de início e parada).

- Existem 64 códons, a maioria especificando aminoácidos.
- O códon **AUG** é o códon de início, enquanto **UAA**, **UAG** e **UGA** são códons de parada.
  A ordem dos códons em um gene determina a sequência de aminoácidos na proteína final.

32.4. mRNA

O RNA mensageiro (mRNA) é a cópia intermediária de um gene usada diretamente para construir proteínas.

- Durante a transcrição, a sequência de DNA de um gene é copiada em mRNA.
- Esse mRNA sai do núcleo (em eucariotos) e vai para o ribossomo, onde direciona a síntese proteica.
- As sequências de mRNA são lidas em grupos de três nucleotídeos (códons), cada um especificando um aminoácido específico.
  A vida útil e a estabilidade das moléculas de mRNA ajudam a controlar a expressão gênica.

32.5. tRNA

Como já abordado, o tRNA desempenha um papel vital no processo de tradução. Cada tipo de tRNA é específico para um aminoácido, garantindo sua incorporação correta na proteína.

- O anticódon do tRNA se liga ao códon do mRNA, garantindo o pareamento correto.
- O ribossomo liga os aminoácidos que chegam, formando uma cadeia polipeptídica.
  Esse processo passo a passo garante alta precisão na síntese de proteínas.

32.6. Origem Celular

Os mecanismos de expressão gênica — da transcrição à tradução — são tão universalmente conservados que fornecem pistas importantes sobre a origem das células.

- O código genético é quase idêntico em todas as formas de vida conhecidas, sugerindo que toda a vida compartilha um ancestral comum.
- A maquinaria básica (como RNA polimerase e ribossomos) foi preservada com apenas pequenas variações.
  Essa conservação destaca a importância central da expressão gênica precisa para a sobrevivência e evolução da vida.

32.7. Evolução da Regulação Gênica

Embora o processo básico de expressão gênica seja conservado, a forma como os genes são regulados evoluiu drasticamente.

- Os primeiros organismos podem ter dependido de circuitos simples de feedback para regular os genes.

- Organismos mais complexos desenvolveram redes regulatórias sofisticadas envolvendo fatores de transcrição, potenciadores e RNAs não codificantes.
- Esses mecanismos evoluídos permitem que os organismos ajustem a expressão gênica em resposta a sinais de desenvolvimento, mudanças ambientais e estresse.

Compreender como os genes produzem proteínas — e como as células controlam quando e quanto da proteína é produzida — é essencial para entender a própria vida, desde a biologia básica até doenças genéticas e biotecnologia.

33. Reparo e Recombinação do DNA

O reparo e a recombinação do DNA são processos essenciais que mantêm a estabilidade genômica, corrigem danos e permitem a diversidade genética. Diariamente, as células são expostas a fontes internas e externas de danos ao DNA, incluindo radiação UV, mutágenos químicos e atividades metabólicas normais. Sem mecanismos eficientes de reparo, as mutações se acumulariam, levando a doenças como o câncer.

A recombinação, por outro lado, permite a troca de material genético entre moléculas de DNA, desempenhando um papel fundamental na meiose e na variação genética. Ambos os processos dependem de um conjunto especializado de proteínas para detectar, processar e reparar o DNA danificado.

33.1. Proteínas Essenciais para o Reparo e a Recombinação do DNA

Uma variedade de proteínas garante que a integridade do DNA seja preservada. Essas proteínas detectam danos, sinalizam para o reparo e corrigem fisicamente as lesões no DNA. Algumas das mais importantes incluem:

- **XPF/ERCC1** — Envolvida no reparo por excisão de nucleotídeos (NER), esta complexa endonuclease corta a fita danificada do DNA, permitindo a remoção de segmentos defeituosos.
- **XPG** — Outra endonuclease crítica envolvida no NER, que corta no lado oposto ao dano em comparação com XPF/ERCC1, garantindo a remoção completa da seção danificada.
- **XRCC2** — Desempenha um papel fundamental na recombinação homóloga, particularmente no reparo de quebras de fita dupla. Ajuda a estabilizar o complexo de reparo e promove um reparo sem erros.

- **XPA** — Atua como uma proteína de verificação de danos, garantindo que a via de reparo correta seja ativada. Liga-se diretamente aos locais de DNA danificado.
- **XPD** — Uma helicase que desenrola a hélice de DNA nos locais de dano, permitindo que outros fatores de reparo acessem e processem a lesão.

33.2. Reparo por Excisão

O reparo por excisão é um dos mecanismos de reparo de DNA mais versáteis e importantes. Ele corrige:

- Danos causados por luz UV (dímeros de timina)
- Adutos volumosos causados por exposição química
- Danos oxidativos provenientes do metabolismo celular

O processo envolve várias etapas coordenadas:

1. **Reconhecimento do Dano** — Proteínas especializadas (como XPA) escaneiam o DNA e reconhecem estruturas anormais.
2. **Desenrolamento e Verificação** — Proteínas como XPD ajudam a desenrolar o DNA ao redor do dano.
3. **Excisão** — Endonucleases como XPF/ERCC1 e XPG removem a seção danificada.
4. **Ressíntese** — Polimerases de DNA sintetizam novo DNA para substituir a seção removida.
5. **Ligação** — A ligase de DNA sela a lacuna final, restaurando a fita de DNA.

33.3. XPF/ERCC1

O complexo XPF/ERCC1 atua como uma endonuclease específica para estrutura, reconhecendo a junção entre DNA de fita simples e dupla e realizando cortes em locais precisos. É crucial para:

- Reparo por excisão de nucleotídeos (NER)
- Reparo de ligações cruzadas entre fitas (danos que ligam duas fitas de DNA)
- Alguns tipos de reparo por recombinação

33.4. XPG

A XPG funciona de maneira semelhante ao complexo XPF/ERCC1, mas corta no lado oposto ao local danificado. Trabalha em estreita colaboração com outros fatores de reparo e é essencial para completar o NER.

Mutações na XPG podem levar à xeroderma pigmentoso, uma desordem caracterizada por sensibilidade extrema à luz UV e aumento do risco de câncer.

33.5. XRCC2

O XRCC2 é essencial para o reparo por recombinação homóloga (HRR), uma via que repara quebras de fita dupla com precisão. Ele:

- Forma um complexo com outras proteínas RAD.
- Garante o emparelhamento correto e a troca entre sequências homólogas de DNA.
- Ajuda as células a sobreviver a danos no DNA causados por radiação ionizante e medicamentos quimioterápicos.

33.6. XPA

O XPA atua como uma proteína de estruturação no reparo por excisão de nucleotídeos, ajudando a:

- Confirmar a presença de dano.
- Recrutar outros fatores de reparo para o local.
- Coordenar as etapas de corte e substituição.

Mutações no XPA também levam à xeroderma pigmentoso, mostrando como essa proteína é crucial para a proteção contra UV.

33.7. XPD

O XPD é um componente do complexo TFIIH, que desempenha papéis duplos em:

- Iniciação da transcrição.
- Reparo por excisão de nucleotídeos.

Como helicase, o XPD desenrola a hélice de DNA, criando uma bolha aberta onde endonucleases como XPF/ERCC1 e XPG podem atuar.

Resumo

Os processos de reparo e recombinação do DNA garantem a estabilidade genética, ao mesmo tempo que contribuem para a diversidade genética. Sem esses mecanismos cruciais, as células acumulariam mutações, aumentando o risco de câncer, doenças genéticas e morte celular. Ao entender as proteínas e os processos envolvidos, os pesquisadores estão desenvolvendo melhores terapias para deficiências de reparo do DNA e até explorando maneiras de aprimorar a capacidade de reparo do DNA para combater o envelhecimento e doenças.

34. Regulação Gênica

A regulação gênica é o processo complexo pelo qual as células controlam a expressão de seus genes — decidindo quando, onde e quanto de um produto gênico (geralmente uma proteína ou RNA funcional) é produzido. Essa regulação é essencial para garantir que as células respondam adequadamente ao ambiente, se diferenciem em células especializadas e conservem energia produzindo apenas o necessário.

Em células procarióticas e eucarióticas, a regulação gênica é altamente coordenada e em vários níveis, envolvendo muitos elementos reguladores, proteínas e vias de sinalização.

34.1. Níveis de Regulação Gênica

A regulação gênica pode ocorrer em várias etapas, incluindo:

- **Regulação Transcricional** – Controle sobre se um gene será transcrito em RNA. Este é frequentemente o nível de controle mais importante e eficiente em termos de energia.
- **Regulação Pós-Transcricional** – Modificação ou controle do mRNA após sua transcrição, como por meio de splicing, edição, transporte e estabilidade.
- **Regulação Translacional** – Controle sobre a eficiência com que um mRNA é traduzido em proteína.
- **Regulação Pós-Traducional** – Modificação da proteína após a tradução, como por meio de dobramento, clivagem, ativação ou degradação.

34.2. Regulação Transcricional em Procariontes

Os procariontes, como as bactérias, utilizam sistemas de regulação gênica simples, mas altamente eficazes. O modelo de operon, descoberto em *E. coli*, é um exemplo clássico.

O Sistema Operon

Um operon é um agrupamento de genes controlados por um único promotor e regulados em conjunto. Por exemplo:

- **Operon Lac** – Controla genes envolvidos no metabolismo da lactose.
- **Operon Trp** – Controla genes envolvidos na síntese de triptofano.

Nesses sistemas, proteínas reguladoras ligam-se a sequências de DNA chamadas operadores, bloqueando ou permitindo a transcrição, dependendo da presença de moléculas específicas como lactose ou triptofano.

34.3. Regulação Gênica em Eucariontes

A regulação gênica eucariótica é muito mais complexa devido a:

- **Presença de um núcleo**, exigindo transporte entre núcleo e citoplasma.
- **Estrutura de cromatina mais extensa**, que afeta a acessibilidade dos genes.
- **Genoma maior**, com mais sequências reguladoras de DNA.

Elementos-chave da Regulação Gênica Eucariótica

- **Realçadores (Enhancers) e Silenciadores (Silencers)** – Sequências de DNA que aumentam ou diminuem a expressão gênica.
- **Fatores de Transcrição** – Proteínas que se ligam a sequências específicas de DNA para ativar ou reprimir a transcrição.
- **Modificações Epigenéticas** – Alterações químicas no DNA (como metilação) ou nas histonas (como acetilação) que modificam a expressão gênica sem mudar a sequência de DNA.
- **Interferência por RNA (RNAi)** – Pequenos RNAs, como os miRNAs, que podem se ligar ao mRNA e bloquear a tradução ou desencadear a degradação do mRNA.

34.4. Regulação Ambiental e Desenvolvimental

As células não regulam os genes de maneira aleatória — a expressão gênica muda em resposta a:

- **Estímulos Ambientais** – Luz, temperatura, produtos químicos e estresse.
- **Sinais Internos** – Hormônios, fatores de crescimento e nutrientes.
- **Programas de Desenvolvimento** – Os genes são ativados e desativados durante o desenvolvimento embrionário, diferenciação celular e envelhecimento.

34.5. Exemplos de Regulação Gênica em Ação

- **Resposta ao Calor** – Quando as células experimentam altas temperaturas, ativam genes de choque térmico, que produzem proteínas que ajudam a redobrar proteínas danificadas.
- **Regulação Hormonal** – Em humanos, o gene da insulina é rigidamente regulado com base nos níveis de glicose no sangue.
- **Resposta Imune** – A infecção desencadeia a rápida ativação de genes que codificam citocinas e anticorpos.

Resumo

A regulação gênica garante que as células:

- Utilizem recursos de maneira eficiente.
- Respondam adequadamente às mudanças.
- Se diferenciem em tipos celulares especializados.
- Evitem a produção desnecessária de proteínas.
- Mantenham a estabilidade genômica e a saúde celular.

Seja em bactérias simples ou em organismos multicelulares complexos, a regulação gênica está no centro dos sistemas biológicos de controle, permitindo que a vida se adapte, sobreviva e prospere em ambientes em constante mudança.

35. Engenharia Genética de Plantas

A engenharia genética de plantas é o processo de modificar o material genético das plantas para obter características desejadas. Ao introduzir, remover ou alterar genes, os cientistas podem criar plantas com rendimentos aprimorados, resistência a pragas, tolerância à seca e valor nutricional aumentado. Esta área faz parte de um campo mais amplo chamado biotecnologia agrícola e teve um impacto significativo na produção global de alimentos, sustentabilidade e proteção ambiental.

35.1. Técnicas Usadas na Engenharia Genética de Plantas

Os seguintes métodos são comumente usados para modificar genomas de plantas:

- **Tecnologia de DNA Recombinante** – Os cientistas isolam genes específicos de um organismo (como bactérias ou outra planta) e os inserem no genoma da planta usando plasmídeos ou vetores.
- **Método do Canhão de Genes (Gene Gun)** – Pequenas partículas revestidas com DNA são disparadas diretamente nas células vegetais, entregando novo material genético.
- **Transformação Mediada por Agrobacterium** – Este método utiliza a capacidade natural da bactéria *Agrobacterium tumefaciens* de transferir genes para as células das plantas.
- **Edição Genética com CRISPR-Cas9** – Técnica moderna que permite a edição precisa dos genes existentes na planta para ativá-los, desativá-los ou substituir sequências defeituosas.

35.2. Características Introduzidas por Engenharia Genética

As características geneticamente modificadas mais comuns incluem:

- **Resistência a Pragas** – Plantas como algodão Bt e milho Bt produzem suas próprias proteínas inseticidas para afastar pragas.

- **Tolerância a Herbicidas** – Culturas como a soja Roundup Ready podem sobreviver à aplicação de certos herbicidas, facilitando o controle de ervas daninhas.
- **Tolerância à Seca e à Salinidade** – Modificações genéticas podem melhorar a capacidade da planta de suportar estresses ambientais, ajudando agricultores em regiões áridas.
- **Aprimoramento Nutricional** – Culturas como o Arroz Dourado são modificadas para produzir maiores níveis de vitamina A, combatendo a desnutrição.
- **Resistência a Doenças** – Algumas plantas geneticamente modificadas resistem a infecções virais, bacterianas ou fúngicas, reduzindo a necessidade de tratamentos químicos.

35.3. Benefícios das Plantas Geneticamente Modificadas

- **Maior Produtividade** – Melhorias genéticas contribuem para o aumento da produção agrícola, garantindo segurança alimentar.
- **Menor Uso de Produtos Químicos** – Plantas modificadas para resistência a pragas e doenças necessitam de menos pesticidas, reduzindo a poluição ambiental.
- **Adaptação às Mudanças Climáticas** – Culturas tolerantes à seca e ao calor ajudam agricultores a se adaptarem às mudanças climáticas.
- **Aprimoramento Nutricional** – Culturas biofortificadas combatem deficiências nutricionais em populações vulneráveis.
- **Benefícios Econômicos** – Maiores rendimentos e menores custos de insumos aumentam a renda dos agricultores.

35.4. Considerações Ambientais e Éticas

Embora a engenharia genética ofereça inúmeros benefícios, também levanta preocupações ambientais e éticas, como:

- **Polinização Cruzada** – Genes de plantas geneticamente modificadas (GM) podem se espalhar para parentes silvestres, alterando ecossistemas naturais.
- **Desenvolvimento de Resistência** – Pragas ou ervas daninhas podem desenvolver resistência às características modificadas, gerando novos desafios agrícolas.
- **Impacto na Biodiversidade** – O cultivo em larga escala de poucas culturas geneticamente modificadas pode reduzir a diversidade de culturas, aumentando a vulnerabilidade a surtos de doenças.
- **Questões Éticas** – Alguns grupos se opõem à modificação genética com base em crenças religiosas ou preocupações sobre o controle corporativo das sementes.

35.5. Supervisão Regulatória

Devido a essas preocupações, as plantas geneticamente modificadas estão sujeitas a regulamentações rigorosas em muitos países. Agências reguladoras, como:

- **Departamento de Agricultura dos EUA (USDA)**
- **Agência de Proteção Ambiental (EPA)**
- **Administração de Alimentos e Medicamentos (FDA)**

Essas agências avaliam a segurança das culturas geneticamente modificadas para consumo humano, impacto ambiental e uso agrícola antes de aprová-las para produção comercial.

35.6. Exemplos de Culturas Geneticamente Modificadas

Cultura	**Característica**	**Benefício**
Arroz Dourado	Aumento de Vitamina A	Combate a deficiência de Vitamina A

Milho Bt	Resistência a Insetos	Reduz o uso de inseticidas
Soja Roundup Ready	Tolerância a Herbicida	Permite o manejo simplificado de ervas daninhas
Milho Tolerante à Seca	Tolerância à Seca	Melhora a produção em condições de seca
Mamão Resistente a Vírus	Resistência a Doenças	Salva a indústria do mamão de surtos virais

Resumo

A engenharia genética de plantas é uma ferramenta poderosa para melhorar a agricultura global, oferecendo soluções para a fome, a desnutrição e a sustentabilidade ambiental. Embora tenha um grande potencial, também exige pesquisa responsável, regulamentação e engajamento público para abordar preocupações e garantir que os benefícios sejam compartilhados de forma equitativa.

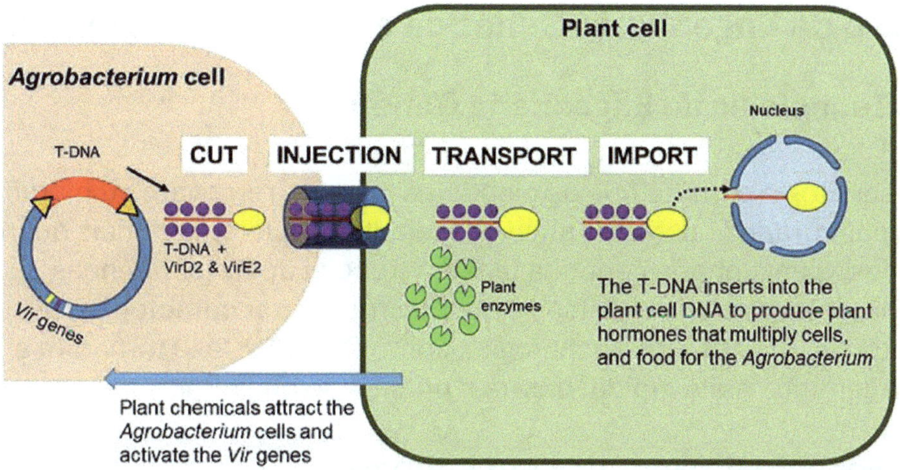

Figura 35.1: Processo de inserção de um gene em uma célula vegetal usando Agrobacterium tumefaciens. Fonte: https://kids.frontiersin.org/articles/10.3389/frym.2020.00064

36. Uso da Engenharia Genética em Animais e Humanos

36.1. Tecnologia de Engenharia Genética

Essa tecnologia permite que os cientistas insiram, removam ou modifiquem genes para produzir características desejadas. Tanto em animais quanto em humanos, a engenharia genética tem o potencial de tratar doenças, aprimorar características físicas e até mesmo alterar características hereditárias. Avanços em tecnologias como CRISPR-Cas9 tornaram a edição genética mais rápida, barata e precisa do que nunca.

36.2. Engenharia Genética em Animais

A modificação genética de animais serve a vários propósitos, incluindo:

- **Pesquisa de Doenças:** Animais, como camundongos geneticamente modificados, são usados para estudar doenças humanas, como câncer, diabetes e distúrbios neurológicos. Esses animais são conhecidos como modelos transgênicos.
- **Produção de Alimentos:** Animais geneticamente modificados, como o salmão AquaBounty, são projetados para crescer mais rapidamente e exigir menos recursos.
- **Produção Farmacêutica:** Animais podem ser geneticamente modificados para produzir medicamentos em seu leite, ovos ou sangue — um processo conhecido como *pharming*.
- **Esforços de Conservação:** Cientistas estão explorando a engenharia genética para aumentar a diversidade genética em espécies ameaçadas ou até mesmo ressuscitar espécies extintas por meio de projetos de desextinção.

Exemplo:

Peixes fluorescentes (GloFish) foram geneticamente modificados para expressar proteínas fluorescentes, originalmente de águas-vivas ou corais.

36.3. Engenharia Genética em Humanos

A engenharia genética humana envolve a modificação do DNA humano para tratar ou prevenir doenças, aprimorar características físicas ou até mesmo alterar habilidades cognitivas. Existem duas grandes categorias:

- **Terapia Gênica Somática:** As alterações genéticas são feitas em células do corpo (não em espermatozoides ou óvulos) para corrigir uma doença em um indivíduo. Essas alterações não são transmitidas para os descendentes.
- **Engenharia Genética Germinativa:** As modificações são feitas em espermatozoides, óvulos ou embriões, o que significa que as alterações são hereditárias — podem ser passadas para gerações futuras. Esse tipo de engenharia genética é altamente controverso e amplamente proibido em muitos países.

Aplicações Atuais e Potenciais:

- **Terapia Gênica:** Correção de genes defeituosos responsáveis por doenças como fibrose cística, anemia falciforme e distrofia muscular.
- **Prevenção de Distúrbios Genéticos:** A triagem de embriões para doenças genéticas (diagnóstico genético pré-implantacional, PGD) já é usada, mas, no futuro, genes defeituosos poderiam ser corrigidos diretamente.
- **Aprimoramento:** A possibilidade de usar engenharia genética para aprimorar inteligência, força física ou aparência — às vezes referida como a criação de "bebês projetados" — é uma fronteira ética controversa.

Exemplo:

Bebês CRISPR na China (2018) — Um cientista editou os genomas de gêmeas para torná-las resistentes ao HIV, desencadeando um debate ético global.

36.4. Doping Genético

O doping genético é o uso de técnicas de engenharia genética para melhorar o desempenho atlético, alterando genes relacionados ao crescimento muscular, resistência ou recuperação. Diferentemente do doping tradicional, que envolve o uso de drogas ou hormônios, o doping genético modifica diretamente o DNA do atleta.

Alvos Potenciais para Doping Genético:

- **Eritropoetina (EPO):** Aumenta a produção de glóbulos vermelhos para maior resistência.
- **Inibição de Miostatina:** Promove o crescimento muscular.
- **VEGF (Fator de Crescimento Endotelial Vascular):** Melhora a entrega de oxigênio aos músculos.

Preocupações Éticas e de Saúde:

- O doping genético é proibido por organizações como a Agência Mundial Antidoping (WADA).
- O uso descontrolado da edição genética pode ter efeitos colaterais indesejados, como câncer, complicações no sistema imunológico ou mutações genéticas imprevisíveis.

36.5. Considerações Éticas e Sociais

A capacidade de editar genes em animais e humanos levanta preocupações éticas significativas, incluindo:

- **Consentimento:** É ético modificar o genoma de gerações futuras que não podem consentir?
- **Equidade:** O aprimoramento genético poderia criar uma subclasse genética — dividindo a sociedade entre populações geneticamente aprimoradas e naturais?

- **Segurança:** Os efeitos a longo prazo da edição genética, especialmente as edições germinativas, são amplamente desconhecidos.
- **Impacto na Biodiversidade:** Animais geneticamente modificados poderiam perturbar ecossistemas se liberados na natureza.

Resumo

A engenharia genética está revolucionando a medicina, a agricultura e a biotecnologia, mas seu uso em animais e humanos exige cautela, reflexão ética e rigorosa supervisão. À medida que a pesquisa avança, a sociedade precisará equilibrar a inovação com a responsabilidade, garantindo que as tecnologias genéticas sejam usadas para beneficiar a humanidade, minimizando danos.

37. O que é Terapia Gênica?

37.1. Introdução à Terapia Gênica

A terapia gênica é uma técnica médica revolucionária que trata ou previne doenças modificando diretamente o material genético dentro das células de um paciente. Ao contrário dos medicamentos convencionais que apenas tratam os sintomas, a terapia gênica aborda a causa raiz dos distúrbios genéticos, substituindo, reparando ou regulando genes defeituosos. Este campo emergente possui um enorme potencial para curar doenças que antes eram consideradas incuráveis.

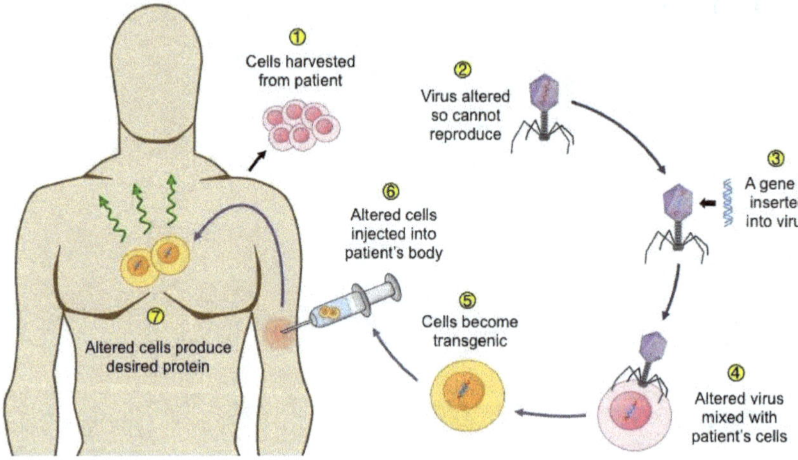

Figura 37.1: Visão Geral do Processo de Terapia Gênica. Fonte: *https://old-ib.bioninja.com.au/standard-level/topic-3-genetics/35-genetic-modification-and/gene-therapy.html*

37.2. Como Funciona a Terapia Gênica?

O objetivo central da terapia gênica é corrigir genes defeituosos responsáveis por doenças. Isso pode ser alcançado por meio de várias abordagens:

- **Substituição Gênica:** Introduzir uma cópia saudável de um gene defeituoso nas células para restaurar a função normal.
- **Edição Gênica:** Utilizar tecnologias como CRISPR-Cas9 para cortar, remover ou reparar genes mutados.
- **Silenciamento Gênico:** Inativar genes prejudiciais ou hiperativos que contribuem para doenças.
- **Adição Gênica:** Adicionar novos genes que ajudam a combater doenças, como aqueles que aumentam a resposta imunológica ao câncer.

37.3. Tipos de Terapia Gênica

A terapia gênica pode ter como alvo diferentes tipos de células, levando a duas abordagens principais:

1. **Terapia Gênica Somática**

- Altera células não reprodutivas (células do corpo).
- As alterações afetam apenas o indivíduo tratado.
- Atualmente, é a forma mais amplamente utilizada de terapia gênica.
- Utilizada para tratar doenças como fibrose cística, anemia falciforme e alguns tipos de câncer.

2. **Terapia Gênica Germinativa**

- Altera células reprodutivas (espermatozoides, óvulos ou embriões).
- As alterações são herdadas por gerações futuras.
- Altamente controversa e amplamente proibida na maioria dos países devido a questões éticas.
- Aplicações potenciais incluem a prevenção de doenças genéticas hereditárias.

37.4. Métodos de Entrega

Para que a terapia gênica funcione, os genes terapêuticos precisam ser entregues às células corretas. Cientistas utilizam vetores, que atuam como veículos de entrega, para transportar genes para dentro das células.

Métodos Comuns de Entrega

- **Vetores Virais:** Vírus modificados (como adenovírus ou lentivírus) que transportam genes terapêuticos para células humanas.
- **Métodos Não Virais:** Técnicas como injeção de DNA nu, lipossomos ou nanopartículas, que entregam genes sem o uso de vírus.
  Cada método possui vantagens e desafios em termos de eficiência, segurança e resposta imune.

37.5. Exemplos de Aplicações da Terapia Gênica

A terapia gênica já está sendo utilizada ou pesquisada para tratar:

- **Distúrbios Herdados:** Como imunodeficiência combinada grave (SCID), atrofia muscular espinhal (AME) e hemofilia.
- **Câncer:** Engenharia de células imunológicas (terapia CAR-T) para reconhecer e atacar tumores.
- **Cegueira:** Introduzir genes funcionais em células da retina para restaurar a visão em formas hereditárias de cegueira.
- **Distúrbios Sanguíneos:** Corrigir mutações genéticas na anemia falciforme e beta-talassemia.

37.6. Benefícios e Potencial da Terapia Gênica

- **Cura Permanente:** A terapia gênica pode proporcionar uma cura vitalícia após um único tratamento.
- **Tratamento Direcionado:** A terapia é personalizada para a composição genética única de um indivíduo, aumentando a precisão.

- **Nova Esperança:** Oferece opções de tratamento para doenças genéticas raras que atualmente não têm cura.

37.7. Riscos e Desafios

- **Resposta Imune:** O corpo pode rejeitar o vetor viral, reduzindo a eficácia.
- **Efeitos Fora do Alvo:** A edição genética pode modificar acidentalmente partes não desejadas do genoma, causando novas mutações.
- **Altos Custos:** Tratamentos de terapia gênica, como o Zolgensma para AME, podem custar milhões de dólares por paciente.
- **Questões Éticas:** A edição de linhagem germinativa levanta questões sobre bebês projetados e a alteração do pool genético humano.

37.8. Futuro da Terapia Gênica

Com avanços no sequenciamento genômico, tecnologia CRISPR e medicina personalizada, a terapia gênica se tornará mais segura, acessível e eficaz. Cientistas também estão explorando a terapia epigenética, que visa a expressão gênica sem alterar a sequência de DNA subjacente.

Resumo

A terapia gênica está transformando a medicina ao abordar as causas fundamentais das doenças genéticas no nível do DNA. Embora tenha um enorme potencial para tratar uma ampla gama de condições, as considerações éticas, a segurança e a acessibilidade precisam ser cuidadosamente gerenciadas à medida que a tecnologia avança.

38. Conclusão

Agora que você concluiu este livro, espero que concorde comigo que a Biologia não é uma disciplina difícil ou dolorosa de estudar — na verdade, pode ser fascinante e recompensadora quando abordada com curiosidade e uma base sólida. A Biologia é uma disciplina que se constrói continuamente sobre si mesma, o que significa que dominar os conceitos básicos é essencial antes de compreender totalmente os tópicos mais complexos.

Também espero que você se sinta confiante em aplicar grande parte do que aprendeu ao longo deste livro em seus futuros estudos e até mesmo na sua vida cotidiana. Compreender o vocabulário, os conceitos-chave e como eles se relacionam uns com os outros melhorará significativamente sua compreensão e ajudará você a se destacar em provas e aplicações práticas.

A melhor maneira de ter sucesso em biologia é manter-se organizado, acompanhar o material regularmente e praticar a aplicação do que aprendeu.

Em nome de todos os educadores e criadores da AB Publisher LLC, desejo a você o melhor em seus estudos e na sua futura carreira. Se tiver alguma dúvida, feedback ou preocupação, sinta-se à vontade para nos contatar no endereço de e-mail abaixo.

Saudações,
Bolakale Aremu (Educador)
AB Publisher LLC
ABPublisherLLC@gmail.com

www.ingramcontent.com/pod-product-compliance
Lightning Source LLC
LaVergne TN
LVHW082037051026
849532LV00011B/3387
9798349263385